中国工程建设标准化发展报告
(2020)

住房和城乡建设部标准定额研究所 编著

中国建筑工业出版社

图书在版编目（CIP）数据

中国工程建设标准化发展报告. 2020 / 住房和城乡建设部标准定额研究所编著. —北京：中国建筑工业出版社，2021.6

ISBN 978-7-112-26179-6

Ⅰ. ①中… Ⅱ. ①住… Ⅲ. ①建筑工程—标准化—研究报告—中国—2020 Ⅳ. ①TU201.4

中国版本图书馆CIP数据核字（2021）第098983号

责任编辑：石枫华
文字编辑：郑　琳
责任校对：焦　乐

中国工程建设标准化发展报告（2020）
住房和城乡建设部标准定额研究所　编著

*

中国建筑工业出版社出版、发行（北京海淀三里河路9号）
各地新华书店、建筑书店经销
北京红光制版公司制版
北京建筑工业印刷厂印刷

*

开本：787毫米×1092毫米　1/16　印张：11½　字数：284千字
2021年5月第一版　　2021年5月第一次印刷
定价：**52.00**元
ISBN 978-7-112-26179-6
（37640）

版权所有　翻印必究
如有印装质量问题，可寄本社图书出版中心退换
（邮政编码 100037）

报告编写委员会成员名单

主 任 委 员： 曾宪新
副主任委员： 李　铮　胡传海　施　鹏
委　　　员： 李大伟　展　磊　毛　凯　孙　智　杜秀媛　刘　彬
　　　　　　　赵　霞　韩　松　张　宏　张文征　张惠锋　雷丽英
　　　　　　　姚　涛　毕敏娜　杨申武　倪知之　周京京　曲　径
　　　　　　　刘　珣　曾向辉　蔡　轩　张祥彤　刘永东　王小林
　　　　　　　王业东　沈　毅　金　涵　葛春玉　荣世立　朱瑞军
　　　　　　　杜宝强　缪　晡　李纪岳　郭启蛟　李永玲　王　蔚
　　　　　　　吴量夫　沈美丽　沈　纹　刘　伟　吴翔天　李　斐
　　　　　　　姜依军　赵凤新　苏东甫　董　辉　苏　峥　王海玉
　　　　　　　石　峰　郭文军　师　生　叶　盛　沈李智　李熙宽
　　　　　　　赵　淼　齐锦程　粟东青　王　力　公尚彦　王海涛
　　　　　　　路宏伟　江　冰　游劲秋　张富城　孙虹波　朱　军
　　　　　　　周云丽　杨晓林　袁庆华　林　成　党　斯　郭虹燕
　　　　　　　李万里　王震勇　冯远红　杜　翔　谢翌鹤　樊　娜
　　　　　　　张　妍　杜志坚　张　弛　张　淼　顾泰昌

前　言

　　2019年是中华人民共和国成立70周年，是全面建成小康社会的关键之年。一年来，工程建设标准化工作以习近平新时代中国特色社会主义思想为指导，深入贯彻习近平总书记关于住房和城乡建设工作及标准化工作的重要指示批示精神，紧紧围绕《深化标准化工作改革方案》（国发〔2015〕13号）目标任务，改革创新、开拓进取，持续推进工程建设标准化改革顶层设计，开展工程建设标准国际化调研和试点，推动工程建设标准化工作取得了新进展、新突破。

　　《中国工程建设标准化发展报告》是以中国工程建设标准化发展的数据、事件以及相关研究成果为基础，系统全面地反映工程建设标准化的发展历程、现状及分析未来发展趋势的系列年度报告，旨在推动中国工程建设标准化发展，为宏观管理和决策提供支持。

　　本年度报告共五章。第一章结合数据分析了中国工程建设标准总体现状，重点介绍了工程建设国家标准数量与管理机构。第二章从工程建设行业标准数量、管理机构与管理制度建设、工程建设行业标准编制、行业团体标准化、行业标准国际化等方面，介绍了截至2019年中国部分行业工程建设标准化发展状况。第三章从工程建设地方标准数量与编制情况、管理机构与管理制度建设、地方标准国际化等方面，介绍了截至2019年中国地方工程建设标准化发展状况。第四章以《燃气工程项目规范》为例，介绍了全文强制规范编制情况。第五章介绍了中国工程建设标准化改革政策，总结了改革成就，对2020年改革工作重点作出了展望。

　　在此，对所有支持和帮助本项研究的领导、专家、学者及有关人员表示诚挚的谢意。

　　本报告由杜秀媛、毛凯、李铮统稿，由于时间和资料所限，报告中难免有疏忽或不妥之处，衷心希望读者提出宝贵意见，以便在今后的报告中不断改进和完善。

本报告编委会

目　　录

第一章　国家工程建设标准化发展状况 ······················· 1
　　一、工程建设标准发展历程和数量情况 ····················· 1
　　二、工程建设国家规范、标准发展现状 ····················· 2

第二章　行业工程建设标准化发展状况 ······················· 7
　　一、工程建设行业标准现状 ····························· 7
　　二、工程建设行业标准化管理情况 ······················· 18
　　三、工程建设行业标准编制情况 ························· 22
　　四、工程建设行业团体标准化和企业标准化情况 ············· 28
　　五、行业工程建设标准国际化情况 ······················· 37
　　六、工程建设标准信息化建设 ··························· 47

第三章　地方工程建设标准化发展状况 ······················ 49
　　一、工程建设地方标准数量现状 ························· 49
　　二、工程建设地方标准管理情况 ························· 56
　　三、工程建设地方标准编制情况 ························· 61
　　四、工程建设地方标准研究与改革 ······················· 71
　　五、地方工程建设标准国际化情况 ······················· 77

第四章　工程建设标准化专题研究 ·························· 80
　　一、全文强制规范研编情况 ····························· 80
　　二、全文强制规范编制情况（以《燃气工程项目规范》为例）··· 84

第五章　中国工程建设标准化发展与展望 ···················· 87
　　一、改革背景 ·· 87
　　二、工程建设标准化改革政策 ··························· 88
　　三、改革成就 ·· 89
　　四、2020 年改革工作重点 ······························ 92

附录 ··· 94

附录一　2019年工程建设标准化大事记 ·· 94
附录二　2019年住房和城乡建设部批准发布的工程建设国家标准 ················ 97
附录三　2019年发布的工程建设行业标准 ······································ 107
附录四　2019年发布的工程建设地方标准 ······································ 133

第一章
国家工程建设标准化发展状况

一、工程建设标准发展历程和数量情况

（一）工程建设标准体制发展历程

中华人民共和国成立以来，中国工程建设标准体制随着经济体制改革逐步形成，在不同经济发展阶段发挥了不同作用。

自1953年发展国民经济的第一个五年计划实施以来，我国开始进行大规模经济建设，实行计划经济体制。为了使生产、建设和商品流通达到统一协调，我国一直将技术标准作为管理微观经济的手段之一。出于管理的需要，逐步确定了工程建设标准体制。1962年，国务院颁布了《工农业产品和工程建设技术标准管理办法》，规定工程建设标准体制分为国家标准、部标准和企业标准三级。这一时期的工程建设标准体制中国家标准和部标准都是强制执行的，为保障当时条件下的工程质量、安全起到了积极作用。

随着我国经济体制由计划经济体制向有计划的商品经济体制转变，并逐步过渡到社会主义市场经济体制，标准在我国经济发展中的作用也发生了变化，将涉及人体健康、人身财产安全的标准仍作为强制执行的标准，其他标准由政府制定向社会推荐采用。1988年，国家颁布了《标准化法》，规定了标准分为国家标准、行业标准、地方标准、企业标准四级，标准属性分为强制性和推荐性两种。2000年，原建设部组织专家对工程建设强制性标准中必须执行的技术内容进行了摘编，形成了《工程建设标准强制性条文》，确保了《建设工程质量管理条例》中执行强制性标准的可操作性。这一时期，国家管理经济社会发展由保障计划的落实转向注重公众利益，积极培育和促进市场发展，充分发挥市场配置资源的作用，标准体制的转变适应了经济体制转型的需要。

2015年，国务院印发了《深化标准化工作改革方案》（国发〔2015〕13号），对标准体制改革作了全面的部署，确立了"建立政府主导制定的标准与市场自主制定的标准协同发展、协调配套的新型标准体系，健全统一协调、运行高效、政府与市场共治的标准化管理体制，形成政府引导、市场驱动、社会参与、协同推进的标准化工作格局"的改革目标。为落实《深化标准化工作改革方案》，2016年8月9日，住房和城乡建设部印发《深化工程建设标准化工作改革意见的通知》（建标〔2016〕166号），标志着中国工程建设标准体制进入深化改革时期。《深化工程建设标准化工作改革意见的通知》指出：到2020年，适应标准改革发展的管理制度基本建立，重要的强制性标准发布实施，政府推荐性标准得到有效精简，团体标准具有一定规模；到2025年，以强制性标准为核心、推荐性标准和团体标准相配套的标准体系初步建立，标准有效性、先进性、适用性进一步增强，标

准国际影响力和贡献力进一步提升。2018年，新修订的《标准化法》开始实施，在标准范围上，从工业领域扩展到农业、工业、服务业和社会事业等各个领域，能更好发挥标准化在国家治理体系和治理能力现代化建设中的作用。在标准结构上，构建了政府标准与市场标准协调配套的新型标准体系，能更好发挥市场主体活力，增加标准有效供给。新《标准化法》的实施为中国标准体制改革确立了法律地位。

（二）工程建设标准数量情况

截至2019年底，我国现行工程建设标准共有9916项。其中，工程建设国家标准1324项，工程建设行业标准4000项，工程建设地方标准4592项。

2015～2019年工程建设国家标准、行业标准、地方标准的数量及发展趋势如表1-1和图1-1所示。随着工程建设标准化改革的深入，国家标准、行业标准数量增长放缓，占比有所降低；地方标准所占比例呈现逐年上升趋势。

2015～2019年工程建设国家标准、行业标准、地方标准的数量　　　表1-1

年度	国家标准		行业标准		地方标准		总数（项）
	数量（项）	比例（%）	数量（项）	比例（%）	数量（项）	比例（%）	
2015	1066	14.47	3429	46.53	2874	39.00	7369
2016	1143	14.50	3634	46.10	3107	39.40	7884
2017	1218	13.82	3858	43.78	3737	42.40	8813
2018	1252	13.64	3832	41.74	4097	44.65	9181
2019	1324	13.35	4000	40.34	4592	46.31	9916

注：表格中数据统计时以批准发布日期为准。

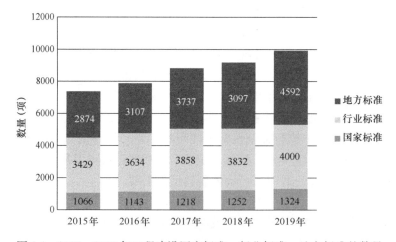

图1-1　2015～2019年工程建设国家标准、行业标准、地方标准的数量

二、工程建设国家规范、标准发展现状

（一）工程建设国家规范、标准数量

1. 工程建设国家规范和标准计划情况

2010～2019年，住房和城乡建设部每年下达工程建设国家标准制修订数量如图1-2

所示。自 2017 年起，工程建设规范（全文强制）研编工作开始列入住房和城乡建设部每年的工作计划。2019 年，住房和城乡建设部下达了 130 项国家工程建设规范和标准编制计划，其中，国家工程建设规范 40 项、工程建设国家标准 90 项，除此之外，还下达了城建建工全文强制性产品标准研编项目 2 项，工程建设标准翻译项目（中译英）35 项。

图 1-2　2010～2019 年工程建设国家规范和标准计划下达情况

2. 工程建设国家标准批准发布情况

2010～2019 年发布的工程建设国家标准数量见图 1-3。2010 年加快了已下达计划但尚未完成的工程建设标准制修订速度，使得 2010～2014 年批准发布的工程建设国家标准数量相较于 2005～2009 年明显增多。2015 年起，标准化改革工作启动，批准发布的工程建设国家标准数量放缓。

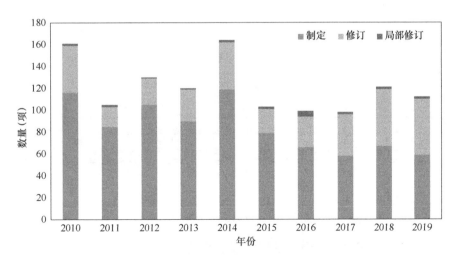

图 1-3　2010～2019 年发布的工程建设国家标准数量

2019 年批准发布工程建设国家标准 111 项，按行业分布情况如表 1-2 所示。其中，发布数量最多的行业是建筑工程和城镇建设。

2019年发布的工程建设国家标准按行业分布情况 表1-2

序号	行业	制定(项)	修订*(项)	总数(项)	序号	行业	制定(项)	修订*(项)	总数(项)
1	建筑工程	6	14	20	12	核工业	1	2	3
2	城镇建设	7	6	13	13	船舶工业	2	0	2
3	通信工程	9	1	10	14	公共安全工程	1	1	2
4	电力工程	7	1	8	15	化工工程	1	2	3
5	冶金工业	4	5	9	16	机械工业	1	1	2
6	石油化工工程	3	4	7	17	石油天然气工程	1	1	2
7	建材工业	1	5	6	18	水利工程	1	1	2
8	电子工程	6	0	6	19	医药工业	1	1	2
9	纺织工业	0	5	5	20	林业工程	1	0	1
10	有色金属工程	3	0	3	21	煤炭工业	0	1	1
11	兵器工业	3	0	3	22	铁路工程	0	1	1
总计		59	52	111	备注	*表示含局部修订			

3. 国家标准现行数量

截至2019年底,我国工程建设国家标准共1324项,标准按行业分布情况如图1-4所示。

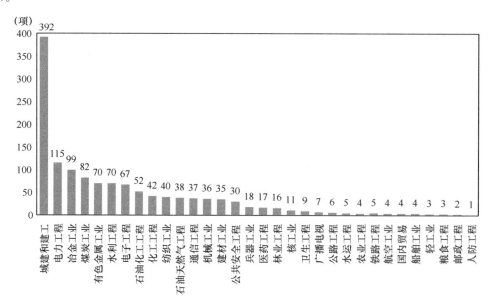

图1-4 现行工程建设国家标准按行业分布情况

如图1-4所示,我国现行工程建设国家标准涉及的33个行业中,城镇建设、建筑工程的国家标准数量最多,共有392项,占工程建设国家标准总数的30%。其次是电力工程的国家标准115项,占比8.2%。

4. 2019年复审清理情况

按照国务院《深化标准化工作改革方案》（国发〔2015〕13号）要求，落实《关于深化工程建设标准化工作改革的意见》工作部署，2019年，住房和城乡建设部开展了国家标准复审专项工作，各部门、行业结合行政监管和技术管理需求，开展标准审查、协调、调研、技术咨询等工作，对现行工程建设国家标准进行梳理并复审，提出整合、精简、转化建议。部分行业国家标准复审结果见表1-3。

2019年国家标准复审情况　　　　　　　　　　　　　表1-3

行业	复审总数	继续有效	需要修订	建议废止	转为团标
城建建工	289	216	73	0	0
电力工程	113	84	26	3	0
石油天然气	14	11	3	0	0
石油化工	24	19	5	0	0
化工工程	35	22	13	0	0
煤炭工业工程	84	55	19	3	7
水利工程	47	33	14	0	0
有色金属工程	68	62	6	0	0
建材工业工程	32	28	4	0	0
电子工程	61	44	17	0	0
广播电视工程	6	4	2	0	0
商贸工程	3	3	0	0	0
医药工程	12	12	0	0	0
农业工程	3	3	0	0	0
核工业工程	8	8	0	0	0
纺织工业	38	37	1	0	0

（二）工程建设国家标准管理

自1992年12月30日起，中国工程建设国家标准的管理依据《工程建设国家标准管理办法》（建设部令第24号）的有关规定执行。住房和城乡建设部已经启动针对该办法的修订工作。

按照国务院《深化标准化工作改革方案》（国发〔2015〕13号），工程建设标准按现有模式管理。国务院工程建设行政主管部门目前为住房和城乡建设部，负责制定工程建设标准化工作规划和计划，指导全国工程建设标准化工作，组织制定、实施工程建设国家标准，参与组织有关的国际标准化工作。

国务院有关行政主管部门和国务院授权的有关行业协会及大型企业集团，例如交通运输部、水利部、工业和信息化部、农业农村部、国家广播电视总局、国家铁路局、国家邮政局、中国电力企业联合会、中国石化集团等，分工管理本部门、本行业的工程建设标准化工作,负责制定本部门、本行业工程建设标准化工作规划和计划,承担制修订及组织实施本部门、本行业的工程建设国家标准。

住房和城乡建设部标准定额研究所是工程建设国家标准技术管理机构,协助住房和城乡建设部做好工程建设国家标准的组织管理工作,负责组织中国建筑工业出版社或中国计划出版社出版发行工程建设国家标准。

第二章

行业工程建设标准化发展状况

一、工程建设行业标准现状

(一) 行业标准数量总体现状

2019年共发布工程建设行业标准280项,其中制定159项,修订121项,各行业发布的工程建设行业标准数量见表2-1。

2019年各行业发布的工程建设行业标准数量 表2-1

序号	行业	制定(项)	修订(含局部修订)(项)	总数(项)
1	城镇建设	13	4	17
2	电力	41	20	61
3	广播电视	2	0	2
4	化工	5	0	5
5	建筑工业	31	10	41
6	煤炭❶	5	0	5
7	石油天然气	5	22	27
8	其他能源领域(包括燃料、新能源和可再生能源工程、能源节约与资源综合利用)	33	11	44
9	石油化工	5	18	23
10	铁路工程	8	11	19
11	有色金属	2	8	10
12	公路	4	7	11
13	水利	5	10	15
	总计	159	121	280

截至2019年底,各行业现行工程建设行业标准4000项,数量情况见图2-1。电力行

---

❶ 该部分数据仅统计了中国煤炭建设协会组织编写的行业标准。

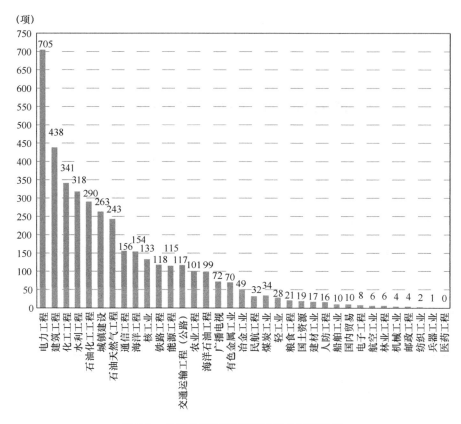

图 2-1　各行业现行工程建设行业标准数量

业现行工程建设行业标准数量最多，建筑工程次之，医药工程行业没有行业标准。图 2-2 显示了工程建设行业标准数量集中的领域，其中，能源领域（包括电力工程、石油天然气工程、海洋石油工程、煤炭工业、核工业、能源工程）占 30.9%，化工领域（包括石油化工、化学工程）占 16.3%，城建建工领域占 17.4%，水利工程占 7.9%，通信工程和海洋工程占 7.7%，交通领域（包括铁路工程、民航工程、交通运输工程）占 6.3%。

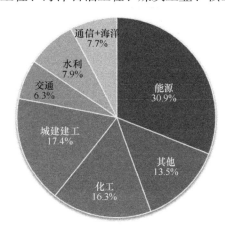

图 2-2　各领域标准所占比重

（二）各行业标准数量具体情况

1. 城建建工

（1）工程标准

按照政府行业标准精简整合的标准化改革思路，2015 年之后，住房和城乡建设部下达的城建建工行业标准计划数量逐年快速减少（表 2-2），2019 年有所上升，下达 23 项行业工程建设标准编制计划项目。2015~2019 年城建建工行业标准下达计划数量波动较大，每年批准发布的行业标准数量相近，详见表 2-3。2019 年批准发布 58 项城建建工行业标准，按专业划分情况见表2-4。

2015～2019年城建建工行业标准下达计划数量　　　　　表2-2

计划年度	制定(项)	修订(项)	总数(项)
2015	58	18	76
2016	10	23	33
2017	5	3	8
2018	0	0	0
2019	13	10	23

2015～2019年批准发布的城建建工行业标准数量　　　　　表2-3

发布年度	城镇建设		建筑工程		总数(项)
	制定(项)	修订(项)	制定(项)	修订(项)	
2015	11	3	21	11	46
2016	23	8	26	13	70
2017	23	8	13	6	50
2018	15	4	34	6	59
2019	13	4	31	10	58

2019年批准发布的城建建工行业标准（按专业统计）　　　　　表2-4

序号	专业分类	数量(项)	序号	专业分类	数量(项)	序号	专业分类	数量(项)
1	施工安全	6	8	城市轨道交通	4	15	勘测	2
2	城乡规划	2	9	建筑维护加固与房地产	3	16	燃气	0
3	道桥	1	10	建筑电气	1	17	市容环卫	3
4	地基	2	11	建筑给水排水	0	18	市政给水排水	1
5	园林	4	12	环能	6	19	供热	0
6	工程质量	5	13	建筑结构	15	20	信息应用	0
7	构配件	0	14	建筑设计	3		合计	58

（2）产品标准

截至2019年底，城镇建设和建筑工业现行产品标准共1230项（详见表2-5）。其中：国家产品标准共305项，行业产品标准共925项；行业产品标准中，城镇建设共422项，建筑工业共503项；推荐性标准1214项，强制性标准16项。

城镇建设和建筑工业各专业现行产品标准情况　　　　　表2-5

序号	专业	国标(项)		行标(项)		合计(项)		总计(项)
		强制性	推荐性	强制性	推荐性	强制性	推荐性	
1	城镇轨道交通	1	23	0	34	1	57	58
2	城镇道路与桥梁	0	7	0	24	0	31	31
3	市政给水排水	2	35	0	98	2	133	135

续表

序号	专业	国标(项)		行标(项)		合计(项)		总计(项)
		强制性	推荐性	强制性	推荐性	强制性	推荐性	
4	建筑给水排水	0	1	1	123	1	124	125
5	城镇燃气	9	22	0	54	9	76	85
6	城镇供热	0	16	0	14	0	30	30
7	市容环境卫生	0	13	0	40	0	53	53
8	风景园林	0	1	0	9	0	10	10
9	建筑工程质量	0	0	0	15	0	15	15
10	建筑制品与构配件	0	26	0	267	0	293	293
11	建筑结构	1	8	0	63	1	71	72
12	建筑环境与节能	0	38	0	56	0	94	94
13	信息技术及智慧城市	0	26	0	31	0	57	57
14	建筑工程勘察与测量	0	0	0	11	0	11	11
15	建筑地基基础	0	0	0	4	0	4	4
16	建筑施工安全	2	0	0	65	2	65	67
17	建筑维护加固与房地产	0	0	0	7	0	7	7
18	建筑电气	0	0	0	9	0	9	9
19	建筑幕墙门窗	0	52	0	0	0	52	52
20	紫外线消毒设备	0	3	0	0	0	3	3
21	混凝土	0	19	0	0	0	19	19
	合计	15	290	1	924	16	1214	1230

为贯彻落实《国务院关于印发深化标准化工作改革方案的通知》（国发〔2015〕13号）和《住房和城乡建设部关于印发深化工程建设标准工作改革意见的通知》（建标〔2016〕166号），住房和城乡建设部积极致力于优化行业标准供给结构，聚焦行业技术发展，提供公共服务的公益标准，支撑行业制造业，解决现有各层级推荐性标准中存在的交叉、矛盾、滞后、老化等问题，推动推荐性标准向政府职责范围的公益类标准过渡，逐步缩减现有推荐性标准的数量和规模，培育发展团体标准，积极推进减存量、控增量。与前几年相比，2019年产品标准发布数量大大减少（详见表2-6），全年共编制产品标准64项，其中，国家标准40项，行业标准24项。

2015～2019年城镇建设和建筑工业各专业产品标准发布情况　　　　表2-6

序号	专业	2015(项)	2016(项)	2017(项)	2018(项)	2019(项)
1	城镇轨道交通	1	2	0	1	1
2	城镇道路与桥梁	1	3	0	3	0
3	市政给水排水	6	11	4	12	3
4	建筑给水排水	13	17	5	9	0
5	城镇燃气	5	3	2	5	1

续表

序号	专业	2015（项）	2016（项）	2017（项）	2018（项）	2019（项）
6	城镇供热	1	1	0	3	0
7	市容环境卫生	4	6	3	2	1
8	风景园林	0	1	3	2	0
9	建筑工程质量	0	0	0	0	1
10	建筑制品与构配件	19	19	33	20	7
11	建筑结构	7	8	1	4	5
12	建筑环境与节能	0	3	0	8	0
13	信息技术	0	3	2	3	1
14	建筑工程勘察与测量	0	1	0	10	0
15	建筑地基基础	1	0	1	2	0
16	建筑施工安全	0	1	4	0	2
17	建筑维护加固与房地产	0	2	0	0	2
18	建筑电气	1	1	1	0	0
	合计	59	82	59	84	24

2. 电力

电力行业（不含电力规划设计领域、水电及新能源规划设计领域）现行工程建设行业标准402项，2019年批准发布工程建设行业标准41项。不同专业类别标准数量详见表2-7。2019年立项工程建设行业标准29项，重点围绕水电、风电、光伏、电化学储能、输变电、电动汽车等热点领域立项。

电力行业现行工程建设行业标准数量　　　　表2-7

序号	专业类别	行业标准数量	
		现行（项）	2019年批准发布（项）
1	火电	67	10
2	水电	181	21
3	核电	22	0
4	新能源	13	1
5	输变电	118	9
6	综合通用	1	0
合计	—	402	41

3. 石油天然气

2019年石油行业标准从立项到报批的各类材料实现了无纸化办公，除会议外，其他过程在网上进行，提高了效率，降低了成本。石油天然气工程建设标准体系由设计标准体系、施工标准体系、防腐标准体系三个分体系组成，各分体系标准数量情况详见表2-8。截至2019年底，石油天然气行业现行工程建设行业标准243项。2019年批准发布行业标准27项，立项行业标准22项（制定7项，修订15项），其中：设计专业制定2项、修订9项，施工专业制定4项、修订2项，防腐专业制定1项、修订4项。

石油天然气行业现行工程建设行业标准数量　　　　表2-8

序号	行业标准数量		
	专业类别	现行(项)	2019年批准发布(项)
1	设计	98	5
2	施工	75	15
3	防腐	70	7
合计	—	243	27

4. 石油化工

截至2019年底，石油化工行业现行工程建设行业标准290项。2019年工程建设行业标准在编项目75项，批准发布工程建设行业标准23项，按专业分布数量见表2-9。

石油化工行业现行工程建设行业标准数量　　　　表2-9

序号	专业类别	现行(项)	2019年批准发布(项)	序号	专业类别	现行(项)	2019年批准发布(项)
1	综合专业	7	—	11	粉体专业	5	1
2	工艺专业	9	2	12	给水排水专业	6	1
3	静设备专业	27	—	13	消防专业	1	—
4	工业炉专业	28	—	14	环保专业	5	—
5	机械专业	26	3	15	安全专业	9	3
6	总图专业	16	—	16	抗震专业	7	—
7	管道专业	36	2	17	施工专业	29	3
8	自控专业	19	2	18	土建专业	34	4
9	电气专业	12	—	19	信息专业	—	—
10	储运专业	14	2	合计	—	290	23

2019年，经工业和信息化部组织立项论证，石油化工行业标准18项（含英文版8项）制修订计划得以批准，其中，《石油化工电气自动化系统设计规范》将适应石油化工企业大型化、供电系统电压等级多、自动化水平高等要求。

5. 化工

2019年，共批准发布化工工程行业标准5项。截至2019年底，化工行业现行工程建设标准341项，按专业划分数量情况详见表2-10。

化工行业现行工程建设行业标准情况统计　　　　表2-10

序号	专业类别	小计	性质		类型		
			强制	推荐	基础	通用	专用
1	化工工艺系统专业	18	4	14	0	6	12
2	化工配管专业	19	3	16	0	7	12

第二章 行业工程建设标准化发展状况

续表

序号	专业类别	小计	性质		类型		
			强制	推荐	基础	通用	专用
3	化工建筑、结构专业	22	1	21	0	2	20
4	化工工业炉专业	20	0	20	1	13	6
5	化工给水排水专业	2	0	2	0	2	0
6	化工热工、化学水处理专业	7	0	7	0	2	5
7	化工自控专业	34	0	34	2	19	13
8	化工粉体工程专业	12	1	11	2	4	6
9	化工暖通空调专业	5	0	5	1	3	1
10	化工总图运输专业	1	0	1	1	0	0
11	化工环境保护专业	4	2	2	0	0	4
12	化工设备专业	123	1	122	2	11	110
13	化工电气、电信专业	9	1	8	1	4	4
14	化工信息技术应用专业	0	0	0	0	0	0
15	化工工程施工技术	23	6	17	0	10	13
16	橡胶加工专业	4	0	4	3	0	1
17	化工矿山专业	28	12	16	0	26	2
18	工程项目管理	1	0	1	0	1	0
19	化工工程勘察	9	0	9	0	1	8
合计	—	341	31	310	13	111	217

2019年，主要围绕节能、环保、质量、安全、智能制造、标准翻译等方面立项，各专业立项情况如图2-3。有6个专业立项21项标准（其中国家标准2项、行业标准8项、团体标准10项、国标翻译1项），国家术语标准1项。2010～2019年化工行业工程建设标准立项情况如图2-4。

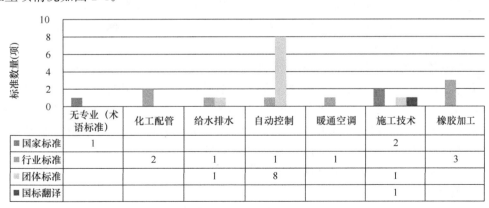

图2-3 2019年化工行业工程建设标准立项情况

6. 水利

2019年，水利部紧紧围绕"十六字治水思路"和水利改革发展总基调，坚持问题导

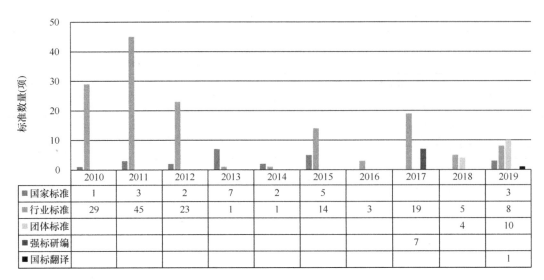

图 2-4 2010~2019 年化工行业工程建设标准立项情况

向,强化标准化顶层设计,不断优化水利技术标准体系,共批准发布水利工程建设行业标准 15 项。截至 2019 年底,水利行业现行工程建设行业标准 318 项。

(1) 顶层设计不断强化

结合水利标准化工作实际,研究制定"水利标准化工作方案",明确指导思想、基本原则、工作目标、主要任务及分工等。编制发布《水利标准化工作三年行动计划(2020—2022 年)》,为扎实做好今后三年的标准化工作提供行动指南。

(2) 制度建设不断完善

修订印发《水利标准化工作管理办法》,进一步规范标准化工作管理。全面简化标准编制流程,明确了标准项目管理工作程序。

(3) 机构建设不断推进

调整水利部标准化工作领导小组,强化顶层设计,发挥了统领全局、协调各方的作用。优化了标准化专家委员会专家的专业布局、年龄结构和代表性,专家委员会决策咨询作用进一步增强。完善了由主管机构、主持机构和主编单位组成的标准化组织管理模式。

(4) 标准体系不断优化

充分发挥各方力量,推进标准体系优化工作。一是组织各业务司局从有没有、全不全、行不行、执行情况等方面全面梳理标准化工作现状,研究提出本领域标准体系构成;二是委托第三方机构对现行有效水利标准进行实施效果评估,基本摸清了水利技术标准的现状和水平,为优化水利技术标准体系提供了科学有效的参考;三是组织开展水利技术标准体系框架优化调整工作,对框架内专业门类和功能序列进行全面调整,同时吸纳了国务院原三峡办发布的技术标准和水利部发布的节水定额。

7. 有色金属

有色金属行业"十三五"工程建设标准体系由测量与工程勘察、矿山工程、有色金属冶炼与加工工程、公用工程 4 个分领域组成,每个专业的体系框图下分为基础标准、通用标准和专用标准三类。

2019 年批准发布有色金属工程建设行业标准 10 项,其中制定 2 项,修订 8 项。截至

2019年底,有色金属行业现行工程建设行业标准70项,详见表2-11。

有色金属行业现行工程建设行业标准数量　　　　　　　　表2-11

序号	专业类别	行业标准	
		现行(项)	2019年批准发布(项)
1	测量与工程勘察	27	8
2	矿山工程	4	—
3	有色金属冶炼与加工工程	5	—
4	公用工程	34	2
合计	—	70	10

8. 电子

2019年立项电子行业工程建设行业标准1项。截至2019年底,电子行业现行工程建设行业标准共8项,包括基础标准1项、通用标准2项、专用标准5项,其中,1项标准进行过修订工作,7项标准尚未进行过任何修订。

9. 广播电视

广播电视行业工程建设标准自20世纪80年代中期至今已有30余年,逐步形成自身完善的体系,基本涵盖了广播电视台、中短波、电视、调频、发射塔、监测监管、卫星、光缆及电缆、微波及定额等种类。行业标准的实施,为规范行业的规划、勘察、设计、施工、验收、管理和检验鉴定等工程建设活动提供了重要的依据,对促进行业工程建设质量、保障安全、保护环境、节约能源起到积极的推动作用,成为经济和社会可持续发展的重要保障,得到全行业的高度重视。目前,广播电视行业现行行业标准72项,其中通用类14项;广播电视台类12项;中、短波类6项;电视、调频类5项;发射塔类4项;监测类6项;卫星类5项;光缆及电缆类5项;微波类4项;定额类11项(详见图2-5和表2-12)。

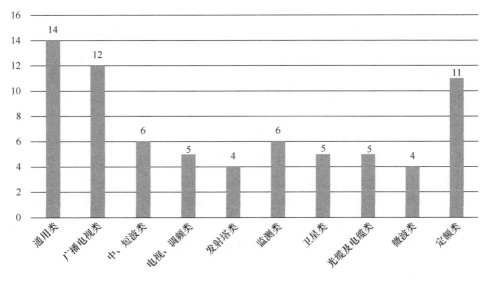

图2-5　广播电视行业标准分类统计

广播电视现行工程建设行业标准数量 表2-12

序号	行业标准数量			行业标准数量		
	专业类别	现行(项)	2019年批准发布(项)	专业类别	现行(项)	2019年批准发布(项)
1	通用类	14	1	监测类	6	1
2	广播电视台类	12	0	光缆及电缆类	5	0
3	中、短波类	6	0	卫星类	5	0
4	电视、调频类	5	0	微波类	4	0
5	发射塔类	4	0	定额类	11	0
合计	现行72项，2019年发布2项					

10. 农业

2019年批准发布农村能源与生态环境领域行业标准1项。截至2019年底，农业工程现行工程建设行业标准101项，按专业划分情况见表2-13。

农业工程现行工程建设行业标准数量 表2-13

序号	行业标准		行业标准	
	专业类别	现行(项)	专业类别	现行(项)
1	农田建设专业	13	渔业工程专业	2
2	设施园艺专业	12	农产品产后处理工程专业	5
3	畜牧工程专业	18	农村能源与生态环境专业	51
合计			101	

11. 铁路

2019年，国家铁路局批准发布19项行业标准，其中，综合标准2项，专业标准16项，管理标准1项。截至2019年底，铁路行业现行工程建设行业标准118项，其中，基础标准2项，综合标准6项，专业标准104项，管理标准6项。

2019年，结合铁路行业工程建设标准化工作形势要求及标准动态需求分析，立项开展79项标准编制项目，其中新立项项目47项，延续项目32项。新开的标准编制项目中，制修订17项、基础研究项目5项、标准管理项目6项、标准翻译项目19项。主要包括：

（1）标准制修订项目

响应国家全面加强基础科学研究部署，促进基础研究与应用研究融通创新发展，着力实现前瞻性基础研究、引领性原创成果重大突破，制定《磁浮铁路技术标准（试行）》。为贯彻落实党中央、国务院关于加强高速铁路安全的有关要求，保障高速铁路建设和运营安全，统一高速铁路安全防护工程设计标准，制定《高速铁路安全防护设计规范》。总结近年来铁路工程建设经验，推广"四新"技术及有关科研成果，全面修订《高速铁路工程静态验收技术规范》等7项标准。根据铁路工程建设标准体系建设需要，制定《客货共线铁路设计规范》《铁路通信承载网工程检测规程》《铁路电力牵引供电电气设备交接试验规程》等3项标准。根据国家发展装配式建筑、城市综合管廊有关要求，制定《铁路装配式房屋建筑技术规程》《铁路综合管线设计规范》等2项标准。为强化铁路建设、运营安全，加强工程风险管理，制定《铁路自然灾害及异物侵限监测系统工程技术规范》《铁路建设工程风险管理技术规范》《邻近营业线施工监测技术规程》等3项标准。

（2）基础研究项目

总结铁路工程建设实践经验并依据联调联试试验结果，开展"铁路无缝线路梁轨相互作用力深化研究""铁路工程结构极限状态法设计关键抗力参数动态采集与分析"等2项基础性、关键共性参数研究。落实国家标准化改革要求,增强标准服务能力,开展"铁路技术标准信息公开平台"研发。立足综合交通运输体系,研究交通强国"铁路篇"的主要内涵,开展"交通强国铁路建设标准研究"。强化铁路运输安全保障措施,提出安全、适用、经济的桥梁棚洞工程防护要求,开展"防治危岩落石桥梁棚洞设计标准研究"。

（3）标准管理项目

跟踪国内外建设标准动态以及铁路行业标准应用与需求分析,开展国内外工程建设标准动态、标准应用动态和需求分析、标准宣贯等项目。

（4）标准翻译项目

根据中文标准报批发布情况,积极推进标准国际化进程,开展铁路工程安全技术规程系列标准等19项英文翻译工作。

12. 公路

《公路工程标准体系》于1981年首次建立,2002年第一次修订。但随着路网规模的快速形成,以建设为重心的标准体系已经不能很好地满足实际工作需要,尤其是管理、养护和运营类标准严重缺乏,难以支撑公路发展转型升级。

2017年10月31日,《公路工程标准体系》(JTG 1001-2017)正式发布,自2018年1月1日起施行。自此,标准体系从以公路建设为重心转为引导公路建设、管理、养护、运营的均衡发展。此次修订立足公路交通发展实际,从公路建设、管理、养护、运营符合"四好"协调发展的要求出发,全面贯彻落实"创新、协调、绿色、开放、共享"的发展理念。修订后的体系结构分为三层（图2-6）:第一层为板块,由总体、通用、公路建设、

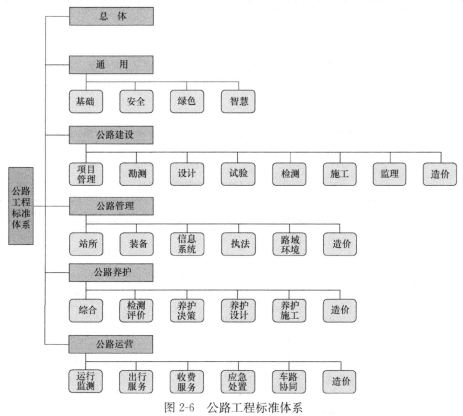

图2-6 公路工程标准体系

公路管理、公路养护、公路运营六大板块构成,各板块界面清晰并各有侧重,公路建设板块重在提升,公路养护板块重在补充,公路管理和公路运营板块重在创立;第二层为模块,第三层为标准。

《公路工程标准体系》(JTG 1001-2017)作为公路领域行业标准的顶层设计,将引导今后一段时期行业标准的发展方向,指导行业标准的制修订管理工作。截至2019年底,交通行业现行公路工程建设行业标准117项,其中90项标准进行过修订工作,27项标准尚未进行过任何修订。

13. 纺织

根据国家标准深化改革及国家标准精简整合的要求,自2015年以来,纺织行业工程建设标准主要以修订10年及以上的现行标准为主。2015年至今,已修订发布8项国家标准,在编修订任务5项,截至2019年底,纺织行业现行工程建设标准数量见表2-14。

纺织行业现行工程建设行业标准数量统计　　　　　表2-14

序号	专业类别	2019年批准发布(项)	累计已批准发布(项)
1	基础通用	2	7
2	纺织服装	1	9
3	化纤及其原料	2	11
4	工艺设备安装验收	0	13
	合计	5	40

二、工程建设行业标准化管理情况

(一) 机构建设

工程建设行业标准化管理机构为各行业管理部门,支撑机构大多为标准定额站、行业协会,详见表2-15。

工程建设领域行业标准化管理机构统计　　　　　表2-15

行业	标准立项部门	标准批准发布部门	标准备案部门	标准化管理部门	标准化管理支撑机构
城建建工	住房和城乡建设部	住房和城乡建设部	住房和城乡建设部	住房和城乡建设部标准定额司	住房和城乡建设部标准定额研究所
					住房和城乡建设部标准化技术委员会
建材	工业和信息化部	工业和信息化部	住房和城乡建设部	工业和信息化部	国家建筑材料工业标准定额总站
电力	国家能源局	国家能源局	住房和城乡建设部	国家能源局能源节约和科技装备司	中国电力企业联合会
					电力规划设计总院
					水电水利规划设计总院

续表

行业	标准立项部门	标准批准发布部门	标准备案部门	标准化管理部门	标准化管理支撑机构
石油天然气	国家能源局	国家能源局	住房和城乡建设部	国家能源局能源节约和科技装备司	中国石油天然气集团有限公司科技管理部标准处
					石油工程建设专业标准化委员会
煤炭	国家能源局	国家能源局	住房和城乡建设部	国家能源局能源节约和科技装备司	中国煤炭建设协会
	国家煤矿安全监察局	国家煤矿安全监察局		国家煤矿安全监察局科技装备司	中国煤炭建设协会
石油化工	工业和信息化部	工业和信息化部	住房和城乡建设部	工业和信息化部科技司统筹管理，规划司分工负责工程建设标准	中国石油化工集团有限公司工程部
					中国石化工程建设标准化技术委员会
化工	工业和信息化部	工业和信息化部	住房和城乡建设部	工业和信息化部科技司统筹管理，规划司分工负责工程建设标准	工业和信息化部规划司
纺织	工业和信息化部	工业和信息化部	住房和城乡建设部	工业和信息化部科技司统筹管理，规划司分工负责工程建设标准	中国纺织工业联合会产业部
有色金属	工业和信息化部	工业和信息化部	住房和城乡建设部	工业和信息化部科技司统筹管理，规划司分工负责工程建设标准	中国有色金属工业工程建设标准规范管理处
电子	工业和信息化部	工业和信息化部	国家标准化管理委员会	工业和信息化部科技司统筹管理，规划司分工负责工程建设标准	电子工程标准定额站
铁路	国家铁路局	国家铁路局	住房和城乡建设部	国家铁路局科技与法制司技术标准二处	国家铁路局规划与标准研究院
					中国铁路经济规划研究院有限公司

续表

行业	标准立项部门	标准批准发布部门	标准备案部门	标准化管理部门	标准化管理支撑机构
公路	交通运输部	交通运输部	住房和城乡建设部	交通运输部	中国工程建设标准化协会公路分会
					交通运输部公路科学研究院
广播电视	国家广播电视总局	国家广播电视总局	住房和城乡建设部	国家广播电视总局规划财务司	国家广播电视总局工程建设标准定额管理中心
邮政	国家邮政局	国家邮政局	国家标准化管理委员会	国家邮政局政策法规司	全国邮政业标准化技术委员会
农业	农业农村部	农业农村部	农业农村部	农业农村部计划财务司项目管理处	农业农村部规划设计研究院
					中国工程建设标准化协会农业工程分会
水利	水利部	水利部	国家标准化管理委员会	水利部国际合作与科技司	中国水利学会
商贸行业	商务部	商务部	住房和城乡建设部	商务部建设司	中国工程建设标准化协会商贸分会

国家能源局是电力、石油天然气领域的行业标准化主管部门。工业和信息化部是石油化工、化工、有色金属、纺织工业、电子工程、建材工业的工程建设行业标准化主管部门。此外，水利工程、国内贸易工程、农业工程、邮政工程行业标准分别由水利部、商务部、农业农村部、国家邮政局主管。

根据机构改革方案，原广播电影电视行业标准化管理职能中的电影类工程建设行业标准管理职能划转至中宣部电影局。广播电视工程建设行业标准仍由国家广播电视总局管理。

住房和城乡建设部标准定额司是住房和城乡建设领域工程建设行业标准的主管机构，住房和城乡建设部相关业务司局为住房和城乡建设领域工程建设行业标准主编机构，住房和城乡建设部标准定额研究所为标准技术管理机构，住房和城乡建设部标准化技术委员会是标准技术支撑机构。

（二）行业标准化管理制度

1992年，为加强工程建设行业标准管理，住房和城乡建设部制定并发布《工程建设行业标准管理办法》（建设部令第25号）。

依据新修订的《中华人民共和国标准化法》关于行业标准制定的新要求，为规范工程建设标准化工作，2019年，工业和信息化部、交通运输部纷纷起草各自管辖工程建设行业标准管理办法。2020年5月27日，交通运输部印发了《公路工程建设标准管理办法》（交公路规〔2020〕8号），进一步明确了标准管理职责，规范了标准化工作程序，优化了公路工程标准体系。2020年8月12日，工业和信息化部印发了《工业通信业行业标准制定管理办法》（工业和信息化部令第55号），进一步明确了工业通信业行业标准制定职责，细化了工业通信业行业标准制定程序和要求。

此外,各行业标准主管部门和支撑机构也积极制定标准化管理制度,规范化管理行业标准,详见表 2-16。

行业标准管理制度统计　　　　　　　　　表 2-16

适用范围	制度名称	制修订机构	制修订时间
工程建设全行业	《工程建设行业标准管理办法》	住房和城乡建设部	1992 制定
工业通信业	《工业通信业行业标准制定管理办法》	工业和信息化部	2020
公路工程	《公路工程建设标准管理办法》	交通运输部	2020
能源行业（含煤炭、电力、石油天然气）	《能源领域行业标准化管理办法》	国家能源局	2019
	《能源领域行业标准制定管理实施细则》	国家能源局	2019
	《能源领域行业标准化技术委员会管理实施细则》	国家能源局	2019
铁路工程	《铁路工程建设标准管理办法》	国家铁路局	2014
	《铁路行业标准翻译出版管理办法》	国家铁路局	2015
电子工程	《工业领域工程建设行业标准制定实施细则》	工业和信息化部规划司	2011 制定 2014 修订
	《工业和信息化部行业标准制定管理暂行办法》	工业和信息化部科技司	2009 制定
	《工业和信息化部标准制修订工作补充规定》	工业和信息化部科技司	2011 制定
邮政工程	《邮政业标准化管理办法》	国家邮政局	2013
农业工程	《农业工程建设标准编制工作流程(试行)》	原农业部发展计划司	2014
水利工程	《水利标准化工作管理办法》	水利部	2019
	《水利技术标准复审细则》	水利部	2010
	《水利工程建设标准强制性条文管理办法(试行)》	水利部	2012
国防科技工业	《国防科技工业标准化工作管理办法》	国防科工局	2013
商贸工程	《商贸领域标准化管理办法(试行)》	商务部	2012
以下为标准化管理支撑机构对管理制度的细化补充			
电力	《专业标准化技术委员会标准审核员管理办法》	中国电力企业联合会	2019
	《电力标准复审管理办法》	中国电力企业联合会	2019
石油化工	《中国石化工程建设标准化管理办法》	中国石油化工集团公司	2011
	《石油化工行业工程建设标准编写规定》	中国石化股份有限公司工程部	2010
有色金属工程	《有色金属工业工程建设标准管理办法》	中国有色金属工业工程建设标准规范管理处	2012
建材工程	《建材行业工程建设标准管理办法(暂行)》	国家建筑材料工业标准定额总站	2015

三、工程建设行业标准编制情况

(一) 重点标准编制工作情况

1. 城建建工

(1) 响应垃圾治理工作的标准化需求

为响应国家生活垃圾实施分类投放、分类收集、分类运输、分类处置的要求，2019年发布实施基础性标准《生活垃圾分类标志》(GB/T 19095-2019)，将生活垃圾类别调整为可回收物、有害垃圾、厨余垃圾和其他垃圾4大类。此外，住房和城乡建设部联合中国政府网共同推出"全国垃圾分类"小程序，已依托"国务院客户端"小程序平台正式发布并上线运行。该小程序覆盖全国46个垃圾分类重点城市，市民可通过小程序查询生活垃圾分类，并直观看到各城市当前分类标志情况和新标准标志调整情况，对生活垃圾分类标志调整期间的衔接和新标准的宣贯起到积极作用。

针对近年来我国建筑垃圾产量快速增长，产量大、种类多、特性复杂的特点，发布实施《建筑垃圾处理技术标准》(CJJ/T 134-2019)，对建筑垃圾分类及定义、产量预测、资源化利用技术、处理处置技术作了详细规定，为建筑垃圾的源头减量、过程减量、分类分选技术、资源化技术提出了实际可行的科学依据。对实现建筑垃圾减量排放、规范清运、有效利用和安全处置、全面提升建筑垃圾全过程管理水平具有指导意义。

《农村生活垃圾处理技术标准》和《县域生活垃圾处理工程规划标准》两项标准已经完成报批工作，这是行业首次专门针对农村生活垃圾产量、特性、环卫管理模式、地域环境特点、收运方式等制定的标准。两项标准在编制过程中注重相互协调配合，按照"减量化、资源化、生态化"的原则，推荐了适用农村的生活垃圾产量预测方法和处理模式，规定了处理设施的数量、选址、布局和用地等，为农村生活垃圾的收集、运输和处理处置、资源化利用提供了可操作的技术路径和管理模式，对改善农村人居环境、建设美丽乡村意义重大。

(2) 更新完善工程设计标准体系

1986年中国第一本节能设计标准《民用建筑节能设计标准（采暖居住建筑部分）》(JGJ 26-86)发布实施。在其后的17年中，除温和地区外其他4个热工设计气候区都发布了适用于居住建筑的节能设计标准，并完成了多次修编工作。严寒和寒冷地区的居住建筑节能设计标准已经按照"三步走"的节能目标将节能率提高到65%，而适用于整个温和地区的国家行业标准长期缺失。在制定《温和地区居住建筑节能设计标准》(JGJ 475-2019)时，充分利用自然条件，强调被动式设计，抓住温和地区夏季凉爽的气候特征，强化建筑隔热性能要求，差异化处理温和A、B区设计要求，确定了温和地区居住建筑节能性能要求，填补了居住建筑节能设计标准体系的缺角。

制定了《植物园设计标准》(CJJ/T 300-2019)、《地铁快线设计标准》(CJJ/T 298-2019)、《城市有轨电车工程设计标准》(CJJ/T 295-2019)，修订了《养老院建筑设计标准》(JGJ/T 40-2019)、《特殊教育学校建筑设计标准》(JGJ 76-2019)、《科研建筑设计标准》(JGJ 91-2019)，稳步推进工程设计标准精细化。

(3) 更新完善工程建设施工和安全关键技术标准

制修订《轻型模块化钢结构组合房屋技术标准》(JGJ/T 466-2019)、《装配式钢结构住宅建筑技术标准》(JGJ/T 469-2019)、《钢纤维混凝土结构设计标准》(JGJ/T 465-2019)、《钢管约束混凝土结构技术标准》(JGJ/T 471-2019)等7项结构标准,《民用建筑修缮工程施工标准》(JGJ/T 112-2019)、《城市轨道交通桥梁工程施工及验收规范》(CJJ/T 290-2019)、《塔式起重机混凝土基础工程技术标准》(JGJ/T187-2019)、《整体爬升钢平台模架技术标准》(JGJ459-2019)等施工技术标准20余项,保障城建建工领域工程结构可靠及施工安全。

(4) 快速响应城市道路交通突发事件

2018年10月28日,重庆万州发生公交坠江事件,造成严重的人员伤亡及广泛的社会影响,为提高城市桥梁安全防护能力,住房和城乡建设部标准定额司分别于2018年12月3日和2019年1月9日先后下达了《关于请研究提高完善城市道路桥梁安全防护相关指标的函》(建标标函〔2018〕249号)和《关于请协助开展城市道路桥梁交通安全设施调研的函》(建标标便〔2019〕2号),《城市道路交通设施设计规范》和《城市桥梁设计规范》主编单位按要求完成了标准的局部修订工作。对城市桥梁安全防护措施进行调研,并对2本规范相关条文进行局部修订,并于2019年9月1日正式实施。

2. 电力

(1)《电力建设施工技术规范》(DL 5190-2019)

该规范根据工程施工质量检测试验的现行国家标准,结合电力行业的特点,综合考虑当前的工程施工技术管理水平及发展趋势,系统地对土建施工技术检验提出规范化的管理要求,提高技术检验对工程质量的保证和预控要求。内容适应新技术、新工艺的发展需要,并强调节能、环保等要求,具有前瞻性、先进性,体现了工程质量管理及检测模式的创新要求。

(2)《水电水利基本建设工程单元工程质量等级评定标准》(DL/T 5113-2019)

该标准主要针对浆砌石坝工程,筑坝条件限制和环境约束多,机械化操作不便的特点,为规范其施工质量,制定了本标准。标准主要规定了坝基与岸坡处理、浆砌石砌筑工程、浆砌石坝防渗体工程及浆砌石体工程质量评定的要求。适应现代施工生产的发展需要,具有较强的专业性和实用性。

(3)《抽水蓄能电站总平面布置设计导则》(T/CEC 5012-2019)

该设计导则总结了国内已建、在建工程规划设计及建设管理经验,规定了抽水蓄能电站枢纽建筑物布置、施工总平面布置、生产生活设施及附属(辅助)建筑物布置等设计要求。对于推进抽水蓄能电站标准化建设,保障设计质量具有重要意义。

3. 石油天然气

(1)《CO_2驱油田注入及采出系统设计规范》(SY/T 7440-2019)

CO_2捕集、驱油与埋存作为应对气候变化、实现碳减排最现实途径之一和新的能源发展模式,CO_2驱油可使中国数百亿吨难动用石油资源得到有效动用,将成为中国低渗透油藏水驱后稳产的接替技术、大规模低品位储量效益动用的支撑技术。

该规范中所述陆上油田包括陆上的陆相沉积油藏和海相沉积油藏,以及CO_2混相驱、近混相驱和非混相驱油藏。

（2）《油气管道工程物探规范》（SY/T 7439-2019）

工程物探（地球物理勘探）是以地下岩土层或地质体的物性差异为基础，通过仪器观测自然或人工物理场的变化，确定地下地质体的空间展布范围（大小、形状、埋深等），并可测定岩土体的物性参数，达到解决地质问题的一种物理勘探方法。

近些年来油气长输管道的大规模建设，地质条件越来越复杂，急需采用多种综合勘察手段，其中工程物探具有高效率、低成本的特点，已经在油气管道建设中得到广泛的应用，尤其在兰成渝、兰成中贵、西气东输、中缅油气管道等长输管道工程中已经成为一种必不可少的勘察手段。《油气管道工程物探规范》的发布，将为今后管道工程物探勘察工作开展起到重要指导和规范作用，可应用于管道工程建设中的工程物探勘察、检测、监测及物性参数测试等方面。

该规范主要用于陆地油气管道工程及其配套的各类站场、穿越、跨越、隧道、伴行道路、储罐等物探勘察工作。

（3）《油气输送管道工程矿山法隧道设计规范》（SY/T 6853-2019）

中国铁路、公路隧道都是根据国际惯例按长度将隧道分为特长、长、中、短隧道四类，油气管道山岭隧道不同于铁路、公路隧道，其断面尺寸较小、功能也很简单，营运维护与公路和铁路的要求有明显的不同。由于隧道断面尺寸较小，常用的断面为 2.5m×2.5m、2.7m×2.7m、3.0m×3.0m、3.2m×3.2m、3.5m×3.5m、4.2m×4.2m，施工时大型设备无法进入或进入困难，施工技术的应用受到一定的限制，隧道施工速度相对较慢，同时由于管道工程建设周期相对较短、管道单公里造价相比铁路和公路要小很多，隧道长度和施工工期会受到很多限制。

根据目前已有工程统计，超过 3km 的山体钻爆隧道只有果子沟 1 号隧道，长度 3080m。根据油气管道钻爆隧道工程实际情况，并为了与《油气输送管道穿越工程设计规范》（GB 50423-2013）相一致，确定了隧道长度的分类标准。综合考虑上述因素，油气管道山岭隧道，按长度各分为长、中长、短隧道三类。考虑到油气管道隧道平面和纵向都可能发生变化，隧道长度计算为各分段累加之和。

（4）《钢质管道及储罐腐蚀评价标准 第2部分：埋地钢质管道内腐蚀直接评价》（SY/T 0087.2-2020）

目前中国各类在役管道数量已达 40 余万公里，国家已对油气管道的安全运行提出要求，有关管道完整性管理方面标准需求较为迫切，为实现尽快规范开展油气管道管线内腐蚀检测工作，提高此类管线的完整性管理水平，减少管线事故发生率，促进油田企业在当地的绿色、和谐发展，针对油气管道内腐蚀检测标准薄弱的情况，结合近几年开展的科研攻关，2019年完成了《钢质管道及储罐腐蚀评价标准 第2部分：埋地钢质管道内腐蚀直接评价》（SY/T 0087.2-2020）等管道完整性方面标准的制修订，该标准颁布将有助于大幅提高国内油气管道完整性管理的技术水平，进一步增强管道的本质安全。

4. 石油化工

2019年，行业标准编制工作按初稿、征求意见、送审稿和报批稿四个阶段有序推进，共完成158项次。

《石油化工设计安全检查标准》（SH/T 3206-2019）、《石油化工火灾自动报警系统施工及验收标准》（SH/T 3568-2019）等23项行业标准，经工业和信息化部公告实施，以适应装置大型化、安全检查和系统控制等工程建设的需要。

5. 化工

（1）《橡胶工厂建设项目可行性研究报告内容和深度规定》（HG/T 20722-2019）

该规定是为橡胶工厂项目建设制定可行性研究报告编写的行业标准，标准的制定有利于提高橡胶工厂项目前期的工作质量和项目科学决策。在与国外客户项目洽谈时，有中国自己的橡胶工厂可行性研究报告标准，能更有说服力和可操作性，进而与国外橡胶行业接轨。同时，能够规范行业的行为，有利于国内有关部门的审查、审批。

（2）《化工固体原、燃料制备设计规定》（HG 20534-93）

自发布实施至今已有26年，对指导化工粉体工程专业人员进行工程设计、提高设计水平、保证设计质量起到了较大的作用。随着改革的深入和技术进步，《规定》在某些方面已不能适应化工建设发展的要求，因此需要对《规定》进行全面修订，达到统一化工固体原、燃料制备工程设计内容及标准，进一步提高设计质量，加快设计进度，适应化工工程建设大型化、市场化、三方物流、维修和生活设施社会化等发展趋势。国内化工建设项目不断建成投产，在实际的工程设计、施工建设、生产运行和操作过程中积累了许多有关化工固体原、燃料制备系统的成功经验和教训，为《规定》的修订提供了丰富的基础资料和科学依据。《规定》在2017年被列入工业和信息化部的标准修订计划中，在修订工程中，首先充分研究国家相关政策，引用成熟可靠的技术成果，再结合国内外化工原、燃料制备设计、操作、事故分析报告及实际应用情况和化工固体原、燃料制备设计、建设、生产运行和发展情况，进行全面系统修订，内容涵盖了工艺设计、设备选型、工艺布置、检修设施、生活及辅助设施等5个部分，主要内容包含化工固体原、燃料制备工序的粒度分级、块状物料的破碎、磨粉、湿物料的干燥等作业，以满足化工原、燃料制备工程设计的发展要求。

（3）《纤维增强塑料排烟筒工程技术规范》（GB 51352-2019）

该标准是根据住房和城乡建设部《关于印发2015年工程建设标准规范制订、修订计划的通知》（建标〔2014〕189号）的要求制定的，中国石油和化工勘察设计协会为主编部门，华东理工大学、中国电力顾问集团华东电力设计院有限公司为主编单位，会同有关单位共同编制完成。该规范可用于指导化工、石化、燃煤电厂、冶金、有色冶炼等行业的纤维增强塑料排烟筒设计、制造、安装、质量控制、工程验收，可以填补目前国内有关纤维增强塑料排烟筒设计、制作、验收的技术空白。纤维增强塑料排烟筒的使用寿命比传统工艺长5～10倍，以每年电厂30根排烟筒的需求量保守统计，通过采用纤维增强塑料烟囱技术，每年可以节省维护费用40亿元左右，实现了可观的经济效益。

6. 水利

围绕"水利工程补短板"，完成了《山洪沟防洪治理工程技术规范》《水利水电工程沉沙池设计规范》等标准制修订工作。围绕农村饮水安全保障和水利扶贫攻坚，完成了《村镇供水工程技术规范》的修订工作，优化整合了相关标准，进一步提高了标准的适用性。

围绕"水利行业强监管"，完成了《水库降等与报废评估导则》《灌溉与排水工程技术管理规程》等标准的制修订工作。其中《水库降等与报废评估导则》，规范了水库降等与报废评估工作，为总库容10万m^3及以上各类已建水库降等与报废评估提供依据；《灌溉与排水工程技术管理规程》增加了工程监测与评价内容，细化了地面灌溉、喷灌、微灌等工程运行管理的相关规定，进一步强化了灌溉与排水工程运行维护管理工作。

7. 有色金属

行业标准《边坡工程勘察规范》《灌注桩基础技术规程》等 8 项修订标准，是 2015 年计划项目，此系列标准标龄均为 20～30 年，本次修订是对近十年来勘察工程实践经验的总结，为测量和勘察提供了较全面而详细的技术指导和依据，体现了现代勘察技术特点和发展方向，对促进行业工程建设发展和技术进步具有支撑作用，对提高勘察行业及相关领域工程建设质量及标准体系的完善都具有重要意义。

行业标准《氧化铝厂通风除尘与烟气净化设计规范》《阳极炭块堆垛机组安装技术规程》为公用工程专业新制定的 2 项技术标准，是为适应国家经济建设的需要，从不同方面体现了贯彻落实国家产业结构调整和优化升级，对节能减排、安全和环保等方面提出的新要求，对促进行业工程建设发展、提高工程建设质量具有技术支撑作用。

8. 广播电视

2019 年，中广电广播电影电视设计研究院主编的《广播电视工程建设项目概（预）算编制标准》予以发布。标准编制组经深入调查研究，认真总结实践经验，在广泛征求意见的基础上，对《广播电影电视基本建设工程概（预）算编制办法》（GY/T 5202-1995）进行了修订并形成该标准。

该标准的主要内容包括：总则；术语；概（预）算文件组成及表格样式；概（预）算编制依据；概算编制办法和预算编制办法等。该标准加强了广播电视工程建设项目造价的管理，规范了建设项目概（预）算编制的方法，合理确定了建设项目投资额度，有效控制了工程造价。

9. 铁路

2019 年，铁路行业贯彻落实《铁路标准化"十三五"发展规划》要求，服务铁路重点工程建设发展，紧跟四新技术发展应用，扎实推进标准制修订工作，编制发布《磁浮铁路技术标准（试行）》（TB 10630-2019）等 19 项行业标准。

《磁浮铁路技术标准（试行）》（TB 10630-2019）是磁浮铁路领域的基础性行业标准，统一了限界、轨距、轨道基准面等基本技术要求，明确磁浮车辆主要技术规格，为规范磁浮铁路建设及装备制造、引领磁浮铁路可持续发展、科学推进交通强国战略实施，提供重要技术标准支撑。

《高速铁路安全防护设计规范》（TB 10671-2019）是落实加强高速铁路安全有关批示精神的重要举措，从高速铁路工程设计源头入手制定安全防护措施，规定工务工程、四电工程和房屋建筑等各专业安防标准，综合运用安全监测技术，加强重大危险源和隐患监控预警，着力提高高速铁路安全监测工作信息化、数字化、智能化水平，加快构建全方位立体化综合安全防护体系，为统一高速铁路安全防护工程设计标准，保障高速铁路建设和运营安全提供重要技术支撑。

10. 公路

（1）推进"四好农村路"技术标准体系建设

为贯彻落实习近平总书记对"四好农村路"建设重要指示精神，践行服务乡村振兴战略、打赢脱贫攻坚战的总体要求，经行业内外的共同努力，2019 年制定并发布了《小交通量农村公路工程技术标准》和《农村公路养护技术规范》等农村公路标准规范，《农村公路养护预算编制办法及配套定额》也已编制完成，填补了农村公路标准的空白，为推动"四好农村路"高质量发展，为脱贫攻坚和乡村振兴提供有力支撑。

（2）引导行业技术进步，加快行业标准规范的制定工作

提升公路工程行业混凝土结构耐久性。贯彻工程全寿命周期设计理念，历经9年，制定并发布了公路工程行业推荐性标准《公路工程混凝土结构耐久性设计规范》，更好地指导了公路工程混凝土结构的耐久性设计。在公路工程基础设施建设中，混凝土结构占据最大份额，其耐久性能对保障工程质量发挥关键作用。该规范总结吸收了我国现有规范和大量工程实践经验、融入了成熟、新技术和研究成果，借鉴了发达国家相关经验，体现了耐久性设计的最新理念和发展趋势。以工程质量安全耐久为核心，强化工程全寿命周期设计，明确了耐久性指标控制要求。与国际同类标准相比，更具行业适用性、可操作性和适当引领性。其施行对于全面提升工程质量，促进可持续发展，具有重要的现实意义。

为规范指导钢桥面铺装设计和施工，提升钢桥面铺装工程质量，保障大跨径钢桥运营安全，制定发布了公路工程行业标准《公路钢桥面铺装设计与施工技术规范》。该标准在全面吸收国内外公路钢桥面铺装经验的基础上，根据中国气候、交通等特点以及建设过程的技术难题，以理论分析与试验研究，在正交异性钢桥面系刚度验算、钢桥面铺装结构设计、复合梁疲劳试验方法、材料技术要求、施工控制等方面进行了全面提升。以先进技术为指导，规范钢桥面铺装结构设计方法，原材料和沥青混合料技术要求，以及施工质量验收标准等，提高了钢桥面铺装的规范化和标准化水平。作为首个钢桥面技术规范，实现了"体系完整、结构合理、功能完备、科学有效"的编制目标，与国际同类规范相比，其针对性与适用性更强，铺装材料所涉范围较广，具有行业引领作用。

11. 纺织

2019年，纺织工程建设标准化工作将关注点放在了"再生纤维素纤维"领域。再生纤维素纤维近年在生产规模和技术革新上都有一个快速的发展。

作为再生纤维素纤维代表的粘胶纤维，近年产量年均增长率均在7%以上，中国产量已占全球总量的近70%。目前修订的《粘胶纤维工厂技术标准》结合了近些年大量工程实践中已成熟的新工艺、新设备，在满足更大产能需求的同时也兼顾了环境保护和三废处理的问题。根据国家标准精简整合的要求，首次将原有的"工厂设计规范"和"设备安装验收规范"有机整合为此项"工厂技术标准"。该标准将有效地保障今后粘胶纤维行业健康持续的发展。

另一方面，莱赛尔纤维作为一种新型、绿色的再生纤维素纤维，近两年国产化技术已日趋成熟。多家莱赛尔纤维工厂已实现量产，并有大量跟进的规划和在建项目。因此2019年组织国内各相关企业共同制定了中国纺联（CNTAC）团体标准《莱赛尔纤维工厂设计标准》，为莱赛尔纤维的良好发展提供支撑。

（二）复审清理情况

2019年，受工程建设标准化深入改革影响，各行业集中力量复审国家标准、研编全文强制规范，复审行业标准数量较少。城建建工领域复审行业标准534项，其中建议废止3项，建议修订147项。石油化工工程领域通过复审行业标准，确定将16项行业标准转化为企业标准。水利工程领域复审行业标准28项，其中建议修订15项。铁路行业复审工

程建设行业标准 11 项,其中建议废止 5 项,建议局部修订 6 项。石油天然气领域复审行业设计标准 45 项,建议修订 10 项,废止 1 项。

1. 石油化工工程

石油化工工程行业关注工程建设体系优化,着力解决相关行业领域标准重复矛盾问题,梳理和解决不同层级标准重复问题,进一步优化标准体系。

2019 年,通过标准复审,一是将企业标准与国家标准和行业标准统一梳理,将涉及工程施工、工程监理和质量监督、工程建设等多方共检要求的标准,继续保留在国家标准、行业标准层面;将标准应用只限于施工企业,内容以施工工艺、施工程序和方法为主的部分行业标准转化为企业标准,协调解决了针对同一标准化对象存在不同层级标准的问题。经研究,确定将涉及施工规程的 16 项行业标准转化为企业标准,当企业标准发布后,相应行业标准申报废止。二是专项清理覆盖危化品生产、使用、储存设施的选址、平面布局、消防安全等内容。本着实现"一个市场、一条底线、一个标准"的原则,将现行标准和在编标准共计 702 项,其中国家标准 301 项、行业标准 401 项,形成"石油化工涉及危化品安全生产工程建设标准目录",主要对于政出多门、相互间有矛盾、交叉与不一致等现象,甚至有的标准对适用范围随意扩大,给使用者和监管人员带来困扰等问题及改进建议进行归纳,以案例形式形成"需协调的问题和完善标准的建议"反映给住房和城乡建设部标准定额司。希望这些问题在国家有力支持下、在相关行业共同努力下得以解决。

2. 水利

水利部组织 7 家单位通过自评、问卷调查、专家咨询、实地调研、召开研讨会等方式,围绕标准"谁在用、用在哪、效果怎么样、存在什么问题"开展了工程建设类现行有效标准全面评估工作。通过本次评估,较为全面地掌握了工程建设类标准的实施情况,提出了每项标准继续有效、修订与废止的评估建议。其中,废止主要原因包括:一是原行标已升为国标或已有更适用的替代标准;二是标准内容过时,技术指标适宜性不合理,适用单位极少;三是属于产品及服务等市场性较强的标准,适合以团体标准的形式发布;四是与水利部现有职能结合不紧密。标准评估、复审及清理的有关结论将作为 2020 年水利标准化项目年度计划安排的重要参考依据。

四、工程建设行业团体标准化和企业标准化情况

(一)团体标准信息公开

为逐步缩减现有推荐性标准的数量和规模,培育发展团体标准,2018 年 3 月 26 日住房和城乡建设部印发《可转化成团体标准的现行工程建设推荐性标准目录(2018 年版)》(建办标函〔2018〕168 号)(以下简称《目录 2018》)。《目录 2018》中共包含 352 项工程建设推荐标准。2018 年 5 月 4 日,住房和城乡建设部标准定额司就团体标准信息公开服务咨询意见进行了公开答复,明确团体标准可以在各自的网站公开,也可公开出版发行;需在国家工程建设标准化信息网公开的,可将标准文本及相关材料报住房和城乡建设部标准定额研究所。2018 年 11 月 15 日,住房和城乡建设部标准定额研究所发布《住房和城乡建设部标准定额研究所工程建设团体标准信息公开管理办法(试行)》,并正式开展工程

建设团体标准信息公开工作。截至2019年11月底，共收到54项团体标准申请信息公开，其中，中国工程建设标准化协会19项，中国建筑装饰协会29项，中国土木工程学会3项，中国建筑学会3项。

（二）团体标准数量情况

表2-17统计了部分行业标准团体发布工程建设团体标准数量。截至2019年底，中国工程建设标准化协会共发布731项团体标准，仅2019年就立项了590项团体标准，约占已发布数量的81%。中国城镇供热协会、中国电力企业联合会、中国石油和化工勘察设计协会、中国煤炭建设协会、中国水利水电勘测设计协会在2019年立项的团体标准数量比已发布的团体标准还要多。中国有色金属工业协会、中国灌区协会、中国农业节水和农村供水技术协会、中国核工业勘察设计协会均在2019年首次立项各自协会的团体标准。这说明团体标准正在经历井喷式发展。

部分行业标准化团体基本情况　　　　表2-17

序号	行业	团体名称	成立年份	已发布（项）	2019立项（项）
1	工程建设	中国工程建设标准化协会	1979	731	590
2	城建建工	中国城镇供热协会	2017	3	10
3	电力	中国电力企业联合会	2015	17	29
4	化工	中国石油和化工勘察设计协会	2017	4	10
5	煤炭	中国煤炭建设协会	1986	4	5
6	有色金属工程	中国有色金属工业协会	2001	0	3
7	水利	中国水利学会	1931	23	15
8	水利	中国水利工程协会	2005	10	5
9	水利	中国水利水电勘测设计协会	1985	6	9
10	水利	中国水利企业协会	1995	5	4
11	水利	中国灌区协会	1991	0	7
12	水利	中国农业节水和农村供水技术协会	1995	0	4
13	水利	中国大坝工程学会	1974	0	2
14	水利	国际小水电联合会	2007	0	0
15	核工业	中国核工业勘察设计协会	1987	0	8

（三）中国工程建设标准化协会标准情况

1. 基本情况

中国工程建设标准化协会（简称中国建设标协，社会团体代号：CECS）成立于1979年，是由从事工程建设标准化活动的单位、团体和个人自愿参加组成的全国性、专业性社会组织，成立之初原名称为中国工程建设标准化委员会，经过40年的发展，协会作为国家改革开放事业的同行者、见证者、亲历者和实践者,伴随着国家工程建设事业一起走过了与时俱进、全面发展的40年,已成为在国内工程建设标准化领域具有重要影响的从事标准制修订、标准化学术研究、宣贯培训、技术咨询、编辑出版、信息服务、国际交流与合作等业务的专业性社会团体,已同许多国际、地区和国家的标准化组织建立了合作关系,在国际上有一定的影响力。

2. 数量情况

中国工程建设标准化协会现行团体标准技术体系包括城建、建工在内的工程建设领域的20多个行业,涵盖了工程勘察和测量、地基基础工程、结构工程、建筑工程、给水排水工程、燃气和供热工程、电气工程、通信工程、施工技术和质量控制等十几个主要专业,现行CECS团体标准731项,其中房屋建筑和市政建设领域502项,其他工业工程和产品应用229项。2019年CECS批准立项590项,批准发布183项,详见表2-18。

2019年批准立项和发布团体标准数量 表2-18

分支机构	批准立项数量(项)	批准发布数量(项)
公路分会	87	17
铁道分会	7	0
冶金分会	12	0
商贸分会	2	2
农业工程分会	2	0
建材分会	20	1
城乡建设领域	460	163

在标准化工作改革的大背景下,2018~2019年,CECS标准编制速度有了显著提升,详见表2-19。2019年,CECS组织对在编标准项目进行了清查,对未按要求完成编制的标准进行全面清理,以确保协会标准编制的时效性和严肃性,提高协会标准的技术水平。处理了涉及清查范围内的项目共445项。

CECS团体标准发布数量统计 表2-19

年份	2015	2016	2017	2018	2019
数量(项)	37	43	62	81	183

3. 课题研究

目前CECS已有2000多项标准,为充分与国家标准化改革的主旨方向相结合,从服务好国家发展大局出发,建立高质量、接轨国际的协会工程建设技术标准体系,CECS于2019年初启动了《工程建设标准体系研究》工作。该研究结合中国标准化改革的总体思路,以住房和城乡建设部强制性工程建设标准为主线,构建符合时代发展的协会工程建设领域技术标准体系共57项,包括市政与建筑工程领域34项,行业标准体系18项,以及专项领域标准体系5项。这些体系的完成,将有利于推动整个工程建设标准化领域的有序发展。

4. 信息化建设

为了不断提高协会标准的编制质量与管理水平，2019年CECS组织研发建立了"协会标准管理平台"，平台涵盖标准编制、标准管理、标准实施服务功能，实现了从标准申报立项、开题启动、征求意见、项目审查、项目报批、标准发布、宣贯培训、标准复审整个标准编制生命周期的综合管理。平台的建成使用，将实现协会标准全方位、全过程的进度与质量管控。平台现已正式上线运行，可通过中国工程建设标准化协会官网首页进入。

CECS着力加强协会标准的宣传和信息公开。将协会标准的征求意见稿和发布情况在协会的官网和《工程建设标准化》杂志上及时发布和刊登，此外还在全国团体标准信息平台上进行自我声明，将协会标准的计划信息和标准发布信息上传到团体标准平台进行公布。目前，也积极参与标准定额研究所工程建设团体标准信息公开相关工作。

（四）石油化工

石油化工工程建设领域目前还没有发布团体标准。为将部分标准能够按国家政策适时转化为团体标准，启动了对企业标准的修编工作。

1. 企业标准立项

经中国石化集团公司科技部组织论证，2019年，共批准下达集团公司企业标准计划34项（含英文版标准16项），其中，《石化装置串压风险防控设计导则》《极度和高度危害介质储运设施技术标准》为新制定项目；2019年安排了将行业标准转化为企业标准16项，这些主要是施工标准，均涉及施工程序和方法等。随着政府职能转变，这些要求转为市场运作，因此，这类标准从政府标准中分离出来转化为企业标准。企业标准发布后，原行业标准经复审申报废止。

2. 企业标准修订

《中国石化炼化工程建设标准》为中国石化集团有限公司企业标准。该系列标准涉及21个专业，2019年全面推进修编。标准经复审与整合后，废止98项，仍有114项进行修订。2019年进行了6批59项审查，与会专家约270人次。截至2019年底，累计完成企业标准审查101项，其余13项计划2020年进行审查。

（五）化工

1. 团体标准的培育及发展情况

2016年，为贯彻落实国务院《深化标准化工作改革方案》（国发〔2015〕13号）要求，逐步建立与国家标准、行业标准等相互协调、互相支撑的石油和化工行业工程建设团体标准体系，提升石油和化工行业规划、勘察、设计、施工的质量和企业核心竞争力，中国石油和化工勘察设计协会启动了组建团体标准委员会工作，于2016年8月2日制定了《中国石油和化工勘察设计协会团体标准管理办法（试行）》，2017年9月24日在国家标准委员会主办的全国标准信息服务平台注册成功，标准代号为T/HGJ。根据住房和城乡建设部办公厅关于印发《可转化成团体标准的现行工程建设推荐性标准目录（2018版）》的通知（建办标函〔2018〕168号），通过组织宣传，从2018年开始，严格按照协会团体标准管理办法批准申请立项，于2018年6月15日，中国石油和化工勘察设计协会面向会员单位下发了《关于印发2018年第1批协会团体标准制修订计划的通知》（中石化勘设协〔2018〕74号），批准4项团标立项，其中2项为国家标准转团体标准，由全国化工施工标准化管理中心站归口管理，上海富晨化工有限公司为第一主编单位，会同华东理工大学等有关单位组成标准工作组对原国家标准《环氧树脂自流平地面工程技术规范》（GB/T 50589－2010）和《乙烯基酯树脂防腐蚀工程技术规范》（GB/T 50590－2010）进行完善提高和补充细化，共同编制完成了协会团体标准，在2019年由协会批准发布为《环氧树脂自流平地面工程技术标准》（T/HGJ 50589－2019）、《乙烯基酯树脂防腐蚀工程技术标准》（T/HGJ 50590－2019）。另外2项为化工安全方面新制定团体标准，经过协会直接组织，主编单位牵头团体标准编制组认真研究、反复论证研讨，也于2019年获得协会批准发布，他们是由中国天辰工程有限公司牵头主编的《烧碱装置安全设计规范》（T/HGJ 10600－2019）和华陆工程科技有限责任公司牵头主编的《石油化工建设项目现场安全管理标准》（T/HGJ 10601－2019）。上述4项团体标准均在协会网站和全国标准信息服务平台发布。

在2019年，有8个单位申请10项团体标准立项，其中给水排水专业1项、自动控制8项、施工技术1项，经过严格审查，均已批准立项，2019年启动8项，其余2项在筹备中。

2. 团体标准化工作中遇到的问题及解决措施

团体标准化工作中遇到的问题首先是社会上对团体标准的认识还不够充分，团体标准在国家标准体系中地位不高，影响不大，企业参与积极性不高；其次是编制经费筹措困难。

针对上述问题，中国石油和化工勘察设计协会将完善标准机构和标准体系；加大团体标准的宣传力度，提高企业对团体标准的认知度；调动行业内企业的积极性；多途径解决团体标准编制资金的筹措问题。

3. 团体标准改革与发展建议

一是调动企业编制团体标准的积极性。政府应加大对团体标准的政策扶持与宣传，提高社会认知度；应尽快组织对一些团体标准进行评估，发现好的团体标准要及时转为国家标准或行业标准，畅通团体标准晋升国家标准或行业标准的渠道，对被转为国家标准或行业标准的团体标准给予一定资金支持。各地政府对承担编制团体标准的主要起草单位要给资金或税收政策的扶持。

二是政府对团体标准发布单位要给予指导与扶持。团体标准在中国刚刚起步，如何引导团体标准发布有序良性发展，要从头抓起，不要等到问题一大堆再来解决，比如知识产权问题，急需政府出台一个明确规定，便于实际操作和研判。

三是团体标准发布单位应有范围限制。每一个团体标准发布单位应该在它所涉及领域或范围开展标准发布工作，充分发挥自身优势，做专做精团体标准制定工作，共同维护团体标准制定环境。

四是严把团体标准质量关。团体标准是政府标准的完善和补充，起到及时解决快速发展领域无标准可依的问题，也是工作开展、检查验收的依据，必须严格控制质量，并加大社会监督。

(六) 水利

1. 团体标准的培育及发展情况

截至 2019 年底，水利行业开展团体标准编制工作的相关团体标准机构共有 8 家，共发布 44 项团体标准，2019 新立项 46 项，具体情况见表 2-17。

2015 年，中国水利学会被列为国家标准委首批团体标准试点单位，2018 年中国水利工程协会、中国水利水电勘测设计协会、国际小水电联合会和中国水利企业协会等 4 家社团被列为第二批试点单位。通过试点，加强了各水利社会团体自身能力建设，提升了各水利社会团体标准化工作水平。

2. 团体标准化工作中遇到的问题及解决措施

水利行业社会团体标准化工作尚处于起步阶段，在发展过程中也产生了一些问题：

一是各社会团体对团体标准的定位与范围不明确。各社会团体不是主要围绕产品、服务等市场化主体编制团体标准，如有的标准主要内容照搬水利行业标准、部分标准内容涉及重大工程安全等，没有理清团体标准的定位与作用。

二是部分社会团体对团体标准理解不深入。团体标准化工作开展以来，部分社会团体尚未厘清团体标准的权责关系，存在为编标准而编标准现象。

三是水利社会团体标准基础比较薄弱。部分社会团体标准化工作经验不足，制度建设、组织机构、人员配备等不能有效满足团体标准研制与管理工作需要。

四是各社会团体编制团体标准存在交叉重复现象。由于部分水利社团业务范围界限不明显，各社会团体按照各自业务范围编制的团体标准间存在交叉、重复现象。

为避免团体标准与行业标准"交叉打架"，造成混乱，稳步推进团体标准健康有序发展，水利部从行业管理角度，通过研制团体标准化政策制度文件、建立团体标准协调机制、加强团体标准培训指导等对水利团体标准化工作进行规范和引导。

一是研制团体标准化政策制度文件。系统梳理国家关于团体标准的法律法规和政策制度，总结两批团体标准试点单位经验，筹备起草《关于加强水利团体标准管理工作的意见》。

二是建立团体标准协调机制。多次召开团体标准工作协调会议，重点协调解决团体标准重复立项，与行业标准交叉矛盾等问题。同时也为各社团沟通交流和资源共享提供便利。

三是加强团体标准培训指导。将团体标准纳入水利标准化培训班的重点培训内容，培训团体标准的定位、编制范围和编写要求等内容。引导各社团依据各自业务范围编制满足市场和创新需求的团体标准。

3. 团体标准改革与发展建议

一是规范团体标准管理。引导相关社会团体设置开展标准化活动所必备的管理协调机构和标准制定技术机构，在标准化活动中充分体现公开、公平、透明、协商一致等原则。

二是推动团体标准实施。在产业政策制定以及行政管理、政府采购、认证认可、检验检测等工作中引用经政府部门或其委托机构认证合格的团体标准，鼓励使用具有自主创新技术、具备竞争优势的团体标准。

三是推进团体标准国际化。加快研究制定团体标准"走出去"的指导性意见，引导各社团积极参与标准国际化工作,打造跨领域、跨学科的团体标准化创新示范基地,加快国际标准化人才培养。

(七) 有色金属

1. 团体标准的培育及发展情况

团体标准以市场需求为导向,有色行业技术创新需求旺盛,培育和发展团体标准是今后有色领域工程建设标准管理的重点工作。有色金属行业工程建设标准团体标准化机构为中国有色金属工业协会。2019年完成2项中国有色金属工业协会团体标准《再生铝厂工艺设计标准》《拜耳法赤泥路基工程技术标准》的审查工作,《自然崩落采矿法技术规程》等4项团体标准亦在按计划编制。团体标准工作已经在2019年逐步铺开并取得重要进展。

2. 团体标准化工作中遇到的问题及解决措施

团体标准以市场需求为导向,是我国推进标准化改革,不断完善标准体系的重要内容,在解决行业内技术标准缺少、促进行业健康发展发挥着重要作用。但是,目前社会各界对团体标准市场地位、法律地位的认识仍不够,团体标准被社会接受程度不高,限制了团体标准的发展。团体标准的发展目前仍处于起步阶段,为增强团体标准发布实施后适用性的广泛性,标准立项编制前,评估标准的参编单位和使用单位达到一定数量,符合法律法规、现行强制性标准的规定,并与现行推荐性标准协调一致后,才启动标准编制工作,以利于标准的实施和推广。

3. 团体标准改革与发展建议

随着标准化改革的深化,团体标准数量迅猛增加,标准编制团体机构繁多,而标准项目间存在着不同行业交叉的情况,建议工程建设标准编制社会团体进一步贯彻落实住房和城乡建设部办公厅《关于培育和发展工程建设团体标准的意见》(建办标〔2016〕57号)及住房和城乡建设部标准定额研究所《工程建设团体标准信息公开管理办法(试行)》(建标工〔2018〕112号)的通知要求,及时申请在国家工程建设标准化信息网公布其批准发布的标准目录,以及各标准的编号、适用范围、专利应用、主要技术内容等信息,供工程建设人员和社会公众查询,避免技术内容重复交叉。

(八) 建材

1. 团体标准的培育及发展情况

2019年,国家建筑材料工业标准定额总站立项团体标准26项,批准发布团体标准1项。截止到2019年底,国家建筑材料工业标准定额总站管理的建材工业领域现行团体标准55项。

建材行业在编中国工程建设标准化协会标准制修订项目55项。其中,2019年度新申请的标准29项,2019年已启动的标准5项,2020年将陆续启动其余24项标准的编制工作,并积极推进在编项目的启动、征求意见、审查、报批等工作。

2. 团体标准化工作中遇到的问题及解决措施

目前团体标准还处于标准化改革发展的初期,存在制度不完善,监管不全面,部分团体标准质量不高等问题,随着改革的不断深化,国家制度和监管更为完善,建材工业全面迈向绿色化、生态化、智能化的发展阶段，作为团体标准的管理机构，严控团体标准的质量关，把建材行业的新产品和应用技术全面推向高质量发展步伐当中。

3. 团体标准改革与发展建议

建材行业应在保证团体标准编制质量和实际操作性的前提下，加大宣传力度，并应同时梳理在编和已发布标准，科学合理分类，推进标准体系建立工作、建立标准查新库、对标龄过长的标准积极开展修订和清理工作。

（九）电子

电子行业工程建设团体标准化机构尚在培育中，暂无正式的团体标准化机构。但相关工程建设单位积极参与了有关团体标准的制修订工作。

2019年，电子工程标准定额站指导中国电子系统工程第二建设有限公司开展了《施工工艺标准化（第1阶段-主控部分）研究与应用》课题研究与开发，对中国电子系统工程第二建设有限公司工程业务所涉及的专业及自身特色进行系统的梳理和研编，预期形成一套企业技术标准《施工工艺标准》手册。按照三大工程部分（建筑工程、机械工程、电气工程）分类成10项专业施工工艺标准（①建筑专业施工工艺标准、②洁净装修专业施工工艺标准、③普通装修专业施工工艺标准、④暖通专业施工工艺标准、⑤给水排水专业施工工艺标准、⑥动力专业施工工艺标准、⑦供电专业施工工艺标准、⑧电照专业施工工艺标准、⑨自控专业施工工艺标准、⑩通信专业施工工艺标准），最终形成各专业施工工艺标准手册。2020年计划完成各专业主控部分的施工工艺标准部分，2021年计划完成各专业一般部分施工工艺标准部分，2022年对各专业施工工艺标准进行补充。通过课题的开展及形成的成果进一步提升企业技术人员的工程质量意识和能力，打造更多优质工程，持续推进公司施工标准化水平。同时《施工工艺标准》将可以作为内部技术培训教材，助力新员工的快速成长。

中国电子系统工程第二建设有限公司2019年主编团标1项《净化空调系统施工规程》，共召开2次编制工作会议；参编团标1项《装配式洁净手术室技术规程》，已召开征求意见稿专家讨论会，将进入审查阶段。中国电子工程设计院有限公司2018年申请编制中国勘察设计协会《无源光局域网POL工程建设和布线标准》，经过1年努力，该标准已于2019年6月被批准发布，标准号为T/CECA 20002-2019。

（十）国内贸易（商贸）

随着新《标准法》的颁布实施和进一步推进，对团体标准的影响意义深重，在此积极影响的作用下，标准化工作也取得了不小的突破。首先，赋予了团体标准法律地位，鼓励协会、商会、联合会等社会团体协调相关市场主体共同制定满足市场和创新需要的团体标准，因此，2019年商贸分会加大社会调研力度，增加与企业的交流合作，持续商贸行业团体标准的申报立项，不断完善商贸行业团体标准体系。其次，新《标准法》鼓励开展标准化对外合作与交流，商贸分会也在积极争取参与制定商贸领域国际标准，以及推进中国标准与国外标准的转化运用。

2019年，继续积极组织商贸行业开展中国工程建设协会标准的制定及管理工作。2019年有8项协会标准在编制中：《超市制冷系统能耗评价标准》《工业制冷系统功能安全评估及验收标准》《冷库用金属面绝热夹芯板工程技术规程》《肉制品车间设计规程》《室内冰雪场馆保温体系及制冷系统设计规程》《制冷系统蒸发式冷凝器循环冷却水电化学处理工程技术规程》《冷库能耗评价标准》《制冷系统冷凝热回收工程技术规程》。其中 2 本已报批完成、2 本标准为今年新立项标准。《冷库门工程技术规程》2019 年 5 月 1 日起实施。

（十一）农业

2019 年，结合乡村振兴战略发展方向和社会需求，重点从农业农村环境等领域拓展团体标准。

1. 团体标准的培育及发展情况

截至 2019 年底，共立项 2 项中国工程建设标准化协会的团体标准，《厕所粪污与生活污水一体化生物处理设备》和《农村生态旱厕》，由农业工程分会组织归口组织管理。2 项标准尚处于在编状态。

2. 团体标准化工作中遇到的问题

一是工作经费不足。目前农业工程领域的团体标准化工作尚处于起步阶段，标准的组织管理工作没有固定的资金支持，该项工作公益性较强，需要团体组织依托单位补助。同时，编制单位需要自筹经费支持标准的制定、研讨等各项工作。二是认识程度不高。随着近年来标准化工作改革的不断推荐，虽然对团体标准做了大量宣传，但是标准编制单位、应用单位等主体的观念仍需进一步转变，还有很多人依然更加认可政府牵头的国家标准和行业标准，从而影响团体标准化工作的推进。

3. 团体标准改革与发展建议

一是加大宣传力度。进一步宣传标准化工作改革工作，宣传团体标准化工作。二是理顺工作机制。做好农业工程建设科技研究、市场经营等工作与标准化工作的衔接。三是加强经费支撑。积极争取企业、社会组织、政府部门等经费，加强团体标准管理和制定工作的资金保障。

（十二）核工业

1. 组织机构建立

中国核工业勘察设计协会确定了以"团体标准管理委员会"为决策机构，以"团体标准技术委员会"为技术统筹管理机构，以涵盖工程技术服务、核电常规岛、核工程勘察、核化工、核设备、铀矿冶等多个专业领域的"团体标准专业委员会"为工作机构的整体组织框架。同时建立了"团标审查专家库"。

2. 制度建设

《中国核工业勘察设计协会团体标准管理办法》已经发布进入试运行阶段。《中国核工业勘察设计协会团体标准审查专家库管理办法》《中国核工业勘察设计协会团体标准审查专家咨询费管理办法》《中国核工业勘察设计协会团体标准制修订经费管理办法》完成初稿，进入征求意见阶段。

3. 信息化建设

启动团体标准信息化管理系统的搭建工作，按照立项、大纲编制、征求意见、审查、批准和发布、复审的工作程序完成信息化系统的整体规范方案。

4. 团体标准编制工作进展状况

截至2019年底,共立项8项中国工程建设标准化协会的团体标准,详见表2-20。

核工业团体标准 表2-20

序号	标准名称	序号	标准名称
1	1500MW级压水堆核电厂常规岛设计建造总体技术要求	5	核电常规岛电气设备在线监测装置选用导则
2	核电厂放射性废物干燥处理技术要求	6	核电工程安全资料管理标准
3	核电工程监理行业取费标准	7	涉核工程边坡设计规范
4	核电常规岛电气二次接线设计导则	8	核电工程质量计划管理标准

五、行业工程建设标准国际化情况

(一) 参与国际标准编制情况

1. 国际铁路联盟UIC标准编制

截至2019年底,中国主持或参与45项UIC标准制修订工作,主持制定的《高速铁路设计》系列标准是以《高速铁路设计规范》(TB 10621)为架构,纳入了高速铁路的平纵断面设计标准、路基填料压实标准等关键技术,有力提高中国铁路国际影响力,中国铁路已成为UIC的重要力量。

2. 有色金属工程编制ISO标准情况

2019年,有色行业积极开展国际标准工作,已在ISO/TC282技术委员会立项的3项国际标准相关工作顺利进行,截至2019年底,《工业废水分类导则》《工业冷却水回用 第1部分:术语》已经发布,《工业冷却水回用 第2部分:成本分析导则》有望在2020上半年发布。此外,由中国恩菲工程技术有限公司作为主导单位牵头编制的ISO 24297《垃圾焚烧渗滤液处理及回用技术导则》成功立项,成为有色行业实现国际标准领域从跟跑到领跑的里程碑。目前该项标准研制正在有序进行,为充分将国内成熟的技术以及具有全球相关性的指标融入标准当中,参与单位正在不断完善和扩大,将大大提升有色金属工程行业参与国际标准的深度、质量和水平。

3. 电子工程编制ISO标准情况

中国电子工程设计院有限公司担任技术负责人的ISO标准 *Cleanrooms and associated controlled environments — Part 16:Energy efficiency in cleanrooms and separative devices* (ISO 14644-16:2019),于2019年5月发布。深圳台电实业有限公司参与制定的国际标准 *Conference systems—Equipment—Requirements* (ISO 22259),于2019年4月发布。该公司参与制定的国际标准 *Simultaneous Interpreting Delivery Platforms* (ISO 24019)(归口标准化技术组织:ISO/TC 37/SC 5/WG 3)预计在2020年发布。

4. 小水电国际标准取得突破

2019年4月水利部与国家标准化管理委员会、联合国工业发展组织签署三方谅解备忘录，5月联合国工业发展组织正式发布由水利部参与编制的26本关于小水电技术的国际标准英文版，12月国际标准化组织正式发布其中的2本，《小水电技术导则》术语与选点规划，这是中国制定的第一个ISO/IWA（国际研讨会协议）标准。

5. 城建建工领域ISO编制标准情况

主导2019 *Solar energy—Collector components and materials—Part 5: Insulation material durability and performance* （ISO 22975-5）、*Curtain walling—Terminology* （ISO 22497）等5项ISO标准编制，积极参与10余项ISO标准的编制工作，进一步增加ISO标准的实质性参与程度，增强中国标准在国际上的话语权。

其中，在2020年成功立项1项ISO国际标准，计划完成 *Curtain walling—Terminology* （ISO 22497）及 *Light & lighting—Commissioning of lighting systems* （ISO 21274）2项国际标准的编制工作。

（二）国际标准化机构相关工作

1. 承担ISO秘书处情况

2015年以来，中国成功与俄罗斯联合承担ISO航空和航天器标准大气分技术委员会（TC20/SC6）秘书处，中方担任秘书，俄方任联合秘书，同时中方担任副主席；成功与法国联合承担ISO铁路基础设施分技术委员会（TC269/SC1）秘书处，联合承担ISO铁路机车车辆分技术委员会主席，制定了中法铁路标准化合作技术路线图，成功主导制定3项国际标准；成功与以色列联合承担ISO工业水回用分委会（TC282/SC4）秘书处；成功与法国联合承担ISO儿童乘用车辆项目委员会（PC310）秘书处；承担ISO/TC 195（建筑施工机械与设备）秘书处。在电动汽车领域，成立了中德电动汽车标准化工作组，推动中国3项直流充电技术纳入国际标准。

2. 标准国际化交流

近年来，中国政府正在与沿线国家积极推动并共同制定国际标准，促进世界互联互通。2016年，中国成功举办第39届国际标准化组织（ISO）大会，共有160余个国家和地区参加，首次邀请14个国际组织负责人参会，共议"标准促进世界互联互通"。大会发布《北京宣言》，聚焦沿线国家共同的发展，在铁路、电动汽车、航空、机器人领域，与法国、德国、瑞典、俄罗斯等"一带一路"沿线国家密切合作，利用与沿线国家联合担任国际标准化组织技术机构负责人或秘书处的优势，推动共同制定国际标准。

承办ISO/TC 142第十四届全体大会、国际建筑法规合作委员会（IRCC）2019年度会议等国际会议，参加ISO技术委员会全体大会、ISO技术委员会工作组会议、南亚区域合作联盟（SAARC）会议等10余次国际会议及论坛，组织第22届和第23届世界被动房大会、第14届国际蓄能大会、国际建筑室内通风大会、APEC系列会议等10余项国际学术交流和考察，拓展中国与国际的沟通交流渠道，加强国际对中国技术的认同度。其中，2020年南亚区域合作联盟（SAARC）论坛上，做出题为 *Development of Green Building in China and Main Technical Standards* 的主题报告，宣传中国新版《绿色建筑评价标准》（GB/T 50378-2019）的内容及特点。

(三) 国外标准化研究

1. "一带一路" 沿线国家基础设施工程建设标准化情况调研

(1) 东南亚国家

此次调查的东南亚国家包括蒙古、新加坡、马来西亚、菲律宾、文莱、印度尼西亚、泰国、越南、老挝、柬埔寨、缅甸。

蒙古属内陆国家，受苏联影响，城乡规划的标准基本运用苏联标准；苏联解体后，蒙古国自身的标准体系并不单纯依靠自身编制的标准，对标准体系不完整的空白领域也会采用国际或国外的先进标准。蒙古国的标准化工作管理部门是蒙古国标准化计量局（MASM），MASM是政府监管机构，由蒙古国政府副总理直接主管，主要负责协调管理标准化、合格评定、计量、分析测定等工作。蒙古国的标准分为国家和企业标准两级，其中，强制性标准占44%。蒙古国对国际标准、国外标准较为开放，根据蒙古国标准化计量局在其网站上公布的"蒙古国家标准清单"显示，国家标准6100余项，采用中国国家标准和行业标准17项，主要采标领域为采矿业，其余还包括食品、农业、石化等行业。随着中国经济发展对其影响越来越大，中国企业在蒙参加城市基础设施建设和对蒙投资项目增多，会越来越多地采用中国标准。

马来西亚、新加坡、菲律宾、文莱、印度尼西亚同为太平洋岛国，历史上曾长期受英国、荷兰等欧洲国家和美国的殖民统治，因此工程建设领域多为英美标准，其城市规划建设相关法律法规的制定和管理体系的建立及运行在发展中国家中属于比较完善的。特别要关注的是新加坡标准化体系特点鲜明：一是标准化与法律法规之间相互支撑，构成相对完善的框架体系，将标准化功能发挥得较为完善；二是标准管理机构集中，职能分工明确，标准化管理高效运转，便于与产业、技术更新相匹配；三是新加坡标准与国际接轨程度较高，重视标准国际化发展，同时以国际标准方向助推国内标准；四是标准化目标明确，对推动国家经济发展起到了极大作用。

泰国、越南、老挝、柬埔寨等中南半岛国家的工程建设标准体系一直不够完善，多使用英国标准、美国标准，这些年来也有一些中国标准逐步应用到现有工程建设项目，特别是在中国援建或中资企业投资的工程中。泰国城市规划法律法规和编制管理体系相对完善，和中国的各个层级规划有类似之处。越南标准的技术特点受中国、日本、英国、美国的影响较大，建筑行业的标准规范比较齐全，已超过1200项，覆盖了设计、施工、验收、使用等阶段的各个专业领域。缅甸、老挝、柬埔寨基本没有建立起自身的标准化体系，缅甸只有65项标准，柬埔寨只有55项标准，老挝基本未制定本国标准，被动接受国外标准。

这些东南亚国家中，采标程度最高的是新加坡和文莱。其次是马来西亚、泰国和菲律宾，采标率约为50%，这3个国家标准自成体系，且标准体系较为完善；印度尼西亚标准数量7000余项，但采用国际标准水平较低。越南标准采标水平近年来大幅提高，达到36%。

(2) 南亚国家

此次调查的南亚沿线国家包括阿富汗、巴基斯坦、马尔代夫、尼泊尔、斯里兰卡、印度、孟加拉国、不丹。其中印度是区域大国，对周边国家如尼泊尔、斯里兰卡、孟加拉国、不丹等国的宗教、人文、外交影响巨大，从而辐射到工程建设领域的立法和标准体系设立。印度和巴基斯坦在本区域国家中比较突出，建设管理体系比较完善，政府部门职责清晰，标准体系基本具备，标准化组织也在正常发挥作用，参与国际化标准组织的活动也比较积极。

印度在国家结构上实行联邦制，联邦政府颁布的政策、联邦和各邦立法机构制定的法律法规共同构成了印度民用建筑工程管理法律和法规体系。印度的民用建筑工程，联邦中央政府有关部门根据专家委员会的报告或建议制定总体和验收标准，各邦再结合自身具体情况制定各自的法律法规，实现具体的管理和执行。印度消费者事务及公共分配部下属的印度标准局（BIS）是印度负责标准及认证事务的主管部门。

巴基斯坦的工程管理机构模式深受英国影响，与印度、马来西亚等国类似。房建与工程部是建筑工程行业最高行政管理机构，主要负责工程行业的规划、工程规范的制定和解释。目前，巴基斯坦无专门的机构负责工程建设标准的制定和监督管理，根据不同工程种类，由相应的职能部门负责管理。巴基斯坦工程委员会（PEC）主要负责巴基斯坦工程建设行业的监管与教育，包括对工程师、承包商资质进行注册和认证，协助联邦政府建立智库，规范工程领域的标准以及维护其成员的利益。所有工程承包商均需在PEC注册，只有PEC许可的工程师和承包商才可以实施和运营工程项目。在工程建设领域，巴基斯坦按照法律要求制定强制性要求，没有具体操作和实施的方法。巴基斯坦目前还没有一套适用于全国范围的建筑规范，其标准化部门正在参照美国标准编制一套适用于本国国情的建筑规范，并正在逐步发展本国的建筑标准体系。

马尔代夫由于在独立前期工程建设普遍使用英国标准，独立之后对国际上常用的标准和规范认可度较高，所以其工程建设标准大量借鉴美国和英国的标准并结合当地标准，一部分工程采用了国际上较为先进的欧美标准或国际标准。马尔代夫目前无专门的标准化部门，其有关标准、商贸合作、法律法规制定全部由马尔代夫经济发展部进行管理。

尼泊尔标准与计量局是国家标准化管理机构，同时也是国家计量研究与管理机构，隶属尼泊尔政府工业部。尼泊尔当地缺乏城乡规划体系及城乡规划标准，对中国城市发展经验认可度很高，中国标准在当地应用前景较好。

斯里兰卡并没有设立国家标准制定和管理部门以及相关制度，虽然设立了斯里兰卡标准协会（SLSL）作为标准化机构，但在标准化应用情况上，斯里兰卡的工程建设标准主要采用当地标准及英标、美标、欧标。斯里兰卡尚无独立的标准体系，在合作项目标准应用上，尝试采用以中国标准为主，兼顾当地法律法规、验收标准等。

孟加拉国尚未有较为完善的标准体系，采用的大多为英美标准，仅有少量法案与建设工程相关，例如针对孟加拉国自然灾害较多的情况，出台了《孟加拉国基于风险敏感性的城乡土地利用规划手册》。城乡规划方面沿袭了英国的规划体系，后在联合国开发署的资助下形成了现有的三级规划体系，包括结构规划、总体规划、详细规划。在轨道交通方面采用日本标准体系。

不丹的标准分为强制性标准和自愿性标准。自愿性标准主要包括：国际标准、部门标准和区域性标准。强制性标准包括：国家法案和政策、国家战略、国家规则与条例、技术法规及其他强制性规定的法律法规。此外，贸易进出口、认证系统、质量检测、监督和报告也都属于国家强制性标准。不丹在城乡规划方面主要由个人倡议和实践推动，往往导致产生作用于不同领域的不同规划方法，因此急需制定一套规划实施方面的标准体系。但是，由于不丹与印度签订的《永久和平友好条约》，不丹与中国尚未建交，导致中国标准体系在不丹推广较为困难。

(3) 西亚国家

本次调查了 17 个西亚国家，地处中东地区，经济发展极不平衡。其中以阿联酋、阿曼、巴林、卡塔尔、科威特、沙特阿拉伯组成的海湾国家靠巨额稳定的石油和石油加工产品收入进入世界上的富裕国家行列，国家的基础设施建设根据各国自身特点进行规划和实施，城市功能比较完善，现代化程度也比较高。在标准化建设方面，这些国家都是海湾阿拉伯国家合作委员会（GCC）、海湾标准化组织（GSO）和阿拉伯标准化与计量组织（ASMO）成员国，参与海湾标准化组织的相关工作，还参与制定区域性标准。这些国家在工程建设领域都实行 GCC 认证，即要求所有受管制产品都必须贴 GCC Conformity Marking 标识，这些具有 GCC Conformity Marking 标识的产品可以更加快速便捷地在 GCC 成员国流通和交易。所有贴有该标识的产品除了满足基本的健康、安全和环保的要求外，还必须满足产品适用的 GSO 相关标准法规的要求。这些国家的标准都以英标和美标占主导，欧标及当地标准为辅助。

约旦、巴勒斯坦、黎巴嫩、叙利亚、也门五个国家都是因为连年战乱，使得国民经济发展受到巨大影响，国家建设基本处于停滞状态，其中有些国家虽然曾经有过比较完善的标准化体系，但是随着国家政体动荡，政府主管部门的管理能力不足，标准化组织名存实亡，大多采用国际标准，或者依据国际标准如 ISO 标准、欧盟标准、GCC 标准等来制定本国标准。

土耳其、希腊、塞浦路斯三国与欧洲大陆比邻，故受欧洲的标准化体系影响较深，城市建设和管理体系健全，工程建设标准化体系比较完善，相关法律、法规及标准也比较全面。伊朗和埃及均属于区域大国，不仅自身的工程建设管理体系比较健全，在区域标准化建设中也曾经发挥了重要作用，参与国际标准化组织的活动也比较多，因此标准化体系中主要源自国际标准化组织等国际机构颁布的标准，或者依据国际标准如 ISO 标准、欧盟标准、GCC 标准等来制定本国标准。

以色列是中东地区最为工业化、经济发展程度最高的国家，属于发达国家，因此拥有与之相配套的工业化管理体系和标准体系，产品标准比较全，特别是随着大量专利产品和工艺技术的涌现，标准要求也比较高，而标准的基础还是源于美国、欧盟、ISO 和 GCC 标准。

(4) 中东欧国家

此次调查的中东欧国家共 16 个，这些国家都曾经是苏联社会主义阵营中的国家，其中保加利亚、匈牙利、波兰、罗马尼亚、捷克斯洛伐克、阿尔巴尼亚都曾经是经互会创始国或成员方，从二次世界大战后一直到 20 世纪 90 年代的 40 多年里，在政治、经济、文化、外交等方面长期受苏联的影响，苏联解体后，这些国家相继脱离社会主义政体，一些国家相继独立，有些国家在独立进程中还饱受战争与制裁的创伤，走过一段艰难曲折的道路。这些国家在二次大战之前曾经受欧洲资本主义经济的影响，文化背景和经济基础比较先进，二次大战后大量的基础设施需要重建，在经济互助委员会所制定的法律体系和标准体系下，结合原有的习惯和认知，虽然建立了各自国家自己的标准制度，但都不得不带有明显的苏联特征，加之文化、语言、宗教的长期沉淀，这种特征很难消除。20 世纪 90 年代后，这些国家纷纷向西方靠拢，加上欧洲发达国家的政治、经济渗透，大量的投资、贸易、技术的涌现，使得这些中东欧国家不得不接受西方的法律思想和技术标准体系。因此出现了共同面对国际标准、欧洲标准、基于苏联标准上的本国标准的情况,而最好的解决方法就是将欧盟和国际标准尽快转化为本国标准,这是这些中东欧国家的共同特点。

欧洲标准(EN)是世界上先进的区域性标准,由欧洲最主要的标准化组织欧洲标准化委员会(CEN)、欧洲电工标准化委员会(CENELEC)和欧洲电信标准协会(ETSI)基于透明、公开、一致原则制定,越来越多的欧盟成员国采用其作为本国的国家标准。EN 是欧洲统一市场的重要组成部分,同时对国际标准组织的影响巨大,它技术性比较强,体现了最佳实践和技术水平,代表了交易市场可以遵循的模式化规定和技术方案。欧盟自 20 世纪 80 年代开始非常重视通过技术法规、技术标准和合格评定相结合来逐步完善欧盟统一市场,不断消除技术贸易壁垒,从而提升欧洲企业包括中小企业在剧烈竞争的国际大市场中的竞争实力。当然,从国家经济发展需要的角度出发,欧盟和国际标准是成熟的市场经济产物。执行这些标准会促进上述国家尽快融入世界经济,有利于上述国家的经济建设。因此可以预见,上述这些国家将加快欧洲标准和国际标准引进、研究、转化的进程。

(5)独联体国家

独联体国家是一个区域性政府组织,由部分原苏联加盟共和国组成,官方成员包括白俄罗斯、俄罗斯、亚美尼亚、阿塞拜疆、摩尔多瓦、格鲁吉亚、哈萨克斯坦、吉尔吉斯斯坦、塔吉克斯坦、乌兹别克斯坦 10 国,非官方成员包括土库曼斯坦和乌克兰。此次调查把白俄罗斯、俄罗斯、乌克兰、格鲁吉亚、阿塞拜疆、摩尔多瓦、亚美尼亚归为独联体国家,把哈萨克斯坦、乌兹别克斯坦、土库曼斯坦、塔吉克斯坦和吉尔吉斯斯坦单独作为中亚 5 国来分析。

2002 年 5 月以来,独联体国家就技术立法改革及协调问题进行了多次协商,达成了一致,并推出了技术法规制定原则、技术法规范本编制计划等相关协议,旨在避免由于各国制定不同的技术法规而造成的贸易壁垒。但各国在技术立法工作中存在着巨大差异,协调工作很难。一是着眼点不同,二是立法对象和适用范围不同,三是引用标准不同,四是制定程序和方法不同,五是工作进度不同,六是法规名称不同。

独联体的跨国标准就是苏联的标准,标准代号沿用苏联的标准号,标准的顺序号从 1 依次排列到 31000 以内,大体上有 24000 多项标准。这些标准按照标准文献的特点,大约每 5 年就要更新复审,所以现行有效的独联体诸国标准都是经过"复审"后逐步由苏联标准转化而来的。除原来的苏联标准以外,还有一部分是由国际标准"修改"后转化的标准,这种做法称为"修改采用国际标准",就是把国际标准化组织 ISO(俄文表示为 HCO)、国际电工委员会标准 IEC、欧洲标准 EN 等标准做技术修改以后转化的标准。随着各独联体国家经济发展的需要,与欧洲、中国、美国等经济体深入融合,国家的标准体系也随之逐渐调整,标准的转化速度加快,标准使用的限制也逐渐放开。

在由计划经济转变为市场经济的过程中,上述这些国家在立法程序、立法基础、标准编制原则、标准使用的监督和管理等方面都做了修改,突出对使用者和国家利益给予国家的保护,以适应实现私有化的现实;同时建立了实施国家标准检查和监督的国家检查员制度。

在独联体地区调研的 7 个国家,城市轨道交通产业总体上较为发达,工程建设及城市轨道交通相关法规制度也很完善。白俄罗斯土木工程业倾向使用欧盟标准,摩尔多瓦所有工程项目均采用欧盟标准；乌克兰、亚美尼亚、格鲁吉亚对国家标准特别重视，当缺少国家标准时，所使用的标准必须与国际标准相符；俄罗斯在城市轨道交通工程领域主要使用本国标准。

(6) 中亚国家

中亚5国包括：哈萨克斯坦、乌兹别克斯坦、土库曼斯坦、塔吉克斯坦和吉尔吉斯斯坦。中亚5国脱胎于苏联，也属于独联体国家。在独立之初，各国建设领域的规划标准基本沿用苏联时期通行的规范体系。即使是目前5国的多数规划技术规范性文件也仍然是以苏联时期制定的为蓝本。吉尔吉斯斯坦、哈萨克斯坦、塔吉克斯坦、乌兹别克斯坦中亚4国曾共同签署了关于成立中亚计量、认可、标准化与质量合作组织（IAC MAC-K）的协议。其宗旨是加强中亚国家在计量、认可、标准化与质量领域的合作，提升各国计量与标准化的水平。

在中亚5国中，哈萨克斯坦的法律体系和标准化体系最为完善，哈萨克斯坦国家认证认可委员会（NCA）是哈萨克斯坦共和国工业和贸易部标准计量认证委员会的认证主管机构，主要进行认证机构和认可实验室的评定工作。在地区标准化事务中，哈萨克斯坦也起着引领和带头作用。例如 CU-TR 认证，发起人是俄罗斯、白俄罗斯、哈萨克斯坦3国，即海关联盟强制性认证，是3国共同对产品安全制定统一标准，形成一种认证，3国通用。这为区域国家的产品质量提升和便捷流通做出了贡献。目前，CU-TR 证书也逐渐被中亚的其他国家所接受。

2. 水利工程领域国外标准发展情况动态跟踪与研究

(1) 水文技术标准国际化动态研究及发展跟踪

收集调研国内水文技术标准、国际标准化组织水文测验技术委员会标准及美国等国外发达国家相关现行水文技术标准制修订情况，对其进行了动态跟踪与研究，分析国际、先进发达国家水文技术标准体系、标准现状、标准编制等，总结其主要标准涉及的定义、方法、技术参数、技术指标、用途、适用范围等，并实时掌握国际和国外有关国家水文领域标准发布情况，提出中国现行水利水文技术标准与国际、国外相关的水文技术标准的对应清单，比较中国水文技术标准与国际标准组织、国外先进国家涉及水文的标准在标准名称、对象、用途、适用范围及技术要素等参数上的异同，归纳总结了国内外水文相关标准的发展趋势、优势与不足，为中国水文标准修订、水文标准国际化发展提供了参考建议和技术支撑。

(2) 国内外涉水标准动态跟踪与分析

以水环境、水资源等方面的水利标准作为重点考察对象，通过数据搜集、行业或部门调研等方式对国内外相关标准制修订情况及科技发展动态进行动态跟踪与调研，并分类进行梳理。通过项目获取了国际标准化组织（ISO）、美国水工程协会（AWWA）、美国土木工程师协会（ASCE）以及美国、德国、欧盟等以及湄公河国家（以泰国和柬埔寨为例）发布的相关标准索引清单，同时也收集了国内农业农村部、生态环境部、住房和城乡建设部等多部门相关标准情况。根据跟踪调研结果，以水环境、水资源等方面为主，提出了体系中现行水利技术标准与国内外相关标准的对照表，比较水利标准与国内外相关标准之间在宏观和微观上的异同，归纳总结各自的优势与不足，为相关领域的水利标准体系优化等工作提供借鉴和建议。

3. 国内外铁路标准对比研究

通过对比分析日本、德国、法国、欧盟、UIC、ISO、IEC、ITU等高速铁路标准体系框架及各专业标准，结合已建高速铁路工程实践经验和近年科研成果，提出中国高速铁路设计标准体系完善和各专业重要指标优化建议，为修订《高速铁路设计规范》等相关设计标准提供重要参考。

通过对国内外客货共线铁路的建设、运营情况的检索，对有关局段养护维修情况的调研分析，完成客货共线铁路速度匹配标准研究报告，推荐中国客货共线铁路最高设计速度，提出客货共线铁路客货车速度匹配方案，并给出既有200 km/h及以上客货共线铁路运营维护规章制度、线路设计规范相关建议，为编制《客货共线铁路设计规范》提供重要支撑。

总结国内外铁海联运和内陆港发展经验，分析中国集装箱铁海联运存在的问题，研究内陆港宏观空间布局和沿海港口集装箱货源货流特征、市场定位、发展趋势，预测沿海港口铁海联运需求，提出沿海港口集装箱铁海联运及内陆港发展对策建议和内陆港场站设计标准框架建议，为修订铁路站场相关标准提供依据。

4. 国外建筑法律法规体系研究

住房和城乡建设部标准定额研究所通过对比分析英国、美国、德国、加拿大、澳大利亚、日本等国家建筑法律法规体系，总结出国外发达国家建筑法律法规体系的共通点。

一是都建立了"法律—法规—规则/规范"自上而下的完整体系。英国建筑法律体系基本遵循"建筑法—建筑法规—技术准则"三级构架，澳大利亚遵循"建筑法—建筑法规—建筑规范"，日本遵循"建筑基准法—建筑基准法实施令—建筑基准法实施规则"，德国遵循"州建筑法—建筑法令（分散的）—建筑技术规定"，美国遵循"州建筑法—建筑法规（分散的）—州建筑规范"，加拿大遵循"建筑法—建筑法规（个别省）—建筑规范"的构架。第一层级和第二层级属于法律法规，强制执行；第三层级的"规则/规范"，形式多样，往往由第一层级的"法"和第二层级的"法规"赋予法律地位。第一层级的"法"由议会通过，第二级的"法规"由议会授权制定，第三级的"规则、规范"多由建设主管部门发布。

二是法律法规体系涵盖了建筑管理和技术的双重要求。在法律层面，管理性要求篇幅较重，对于在建筑活动或建筑产品应遵守的基本技术要求多为基本的要求，指向性引入下层的法规和规则/规范。在法规层面，细化了法律中的管理和基本技术要求，各国根据具体情况出台一部综合性或多部针对性的法规、法令等。规则/规范层面多为具体的技术内容，就法律和法规中的基本技术要求进行细化。如德国《柏林建筑法规》中第一章（一般规定）、第二章（建筑用地及其建筑）和第三章（建筑设施）为技术，第四章（建设参与方）、第五章（建筑监督机构、流程）和第六章（违法行为、法律规定、职权）为管理性要求；对应于《柏林建筑法规》第86条法令的要求，柏林执行联邦层面和州层面的特殊建筑、火炉、车库和停放场以及自行车停车场、检测、收费、特定区域广告牌等一系列分散的法令；同时，为支撑《柏林建筑法规》中的技术要求，柏林出台《柏林建筑技术规定》，对于满足建筑物基本要求、特殊要求时所应遵守的建筑技术规定和建筑产品的要求等进行了细化。

三是建筑技术规则或规范普遍采用援引标准的模式。尽管各国建筑法或建筑法规中对于建筑的基本技术要求做出了规定，但这种规定都是原则的、范围的要求，在实际工程中，往往靠具体的技术规则/规范来细化实现，如美国、加拿大、澳大利亚的《建筑规范》；英国的《批准文件》《技术手册》；德国的《建筑技术规定》；日本的《建筑基准法实施规则》等，这些技术规则/规范将援引技术标准作为其途径之一。被援引的标准，本身并不是强制实施的，但被引用的部分具备与规则/规范同等法律地位。援引标准的方式使得技术规则/规范更具灵活性。技术规则、规范往往由各国主管建筑的部门授权相关机构制定，强制或准强制。援引的标准以本国标准为主，除此以外，各国会根据具体情况选择引用其他国家和地区的标准、规程等多种形式的文件。

（四）工程建设标准外文版编译情况

对于没有等同采用国际标准的中国工程建设标准，中国各行业主管部门近年来正在积极开展标准的外文版编译工作，并已初具规模。截至2019年底，交通运输部公路领域已发布外文版标准55项，以英文版为主，兼有法文版和俄文版。截至2019年底，电子行业共组织工程建设国家标准翻译15部（英文版），已发布2部，其他13项均已报批。水运领域，2011年11月，正式向国外推出了中国水运工程设计准则及施工准则，对中国水运企业开拓国际市场提供了重要的技术法规支撑。铁路建设方面，国家铁路局2014年完成了19项标准翻译出版。城建建工领域，住房和城乡建设部完成了20余项标准英文版翻译，进一步打破语言交流壁垒，为标准国际交流提供技术工具。石油化工领域，2019年，中国石化共承担标准英文版编制任务27项，其中，国家标准3项、行业标准8项、企业标准SDEP英文版16项；年内完成翻译10项，完成审查3项。此外，石油化工领域完成了《中国标准外文版工作现状调查报告》（石油化工部分），总结了涵盖建筑、环保、电力、储运、设备、机械等专业57项标准英文翻译工作情况。化工工程领域，2019年有1项国家标准获准英文翻译立项。

外文版标准的发布实施及推广应用将提升中国工程建设技术软实力，带动中国工程建设技术和标准走出去，从而促进双边及多边技术合作，贯彻落实"一带一路"倡议。

（五）中国工程建设标准推广应用情况

1. 中国航天标准国际化迈出实质性步伐

根据中国在中国-东盟遥感卫星数据共享服务平台以及印度尼西亚、老挝、委内瑞拉、泰国等合作遥感卫星地面站建设运行过程中标准化需求，配套编制并输出《陆地观测卫星数据产品与信息管理技术要求》等相关技术标准，使中国最具核心竞争力之一的航天技术与沿线新兴国家需求对接，为中国航天国际化和整个航天事业发展开拓新空间。

2. 公路工程建设标准推广应用

泗水—马都拉大桥工程，大桥又称苏拉马都大桥或泗马大桥，是东南亚最大的跨海大桥。工程采用中国标准实施，依据中国国内桥梁相关设计规范25项，施工规范44项，其中包含《公路工程结构可靠度设计统一标准》等公路工程建设国家标准及《公路工程技术标准》《公路桥涵设计通用规范》《公路斜拉桥设计规范》等行业标准。泗水—马都拉大桥工程是中国桥梁规范运用于国外的第一次成功实践，也是中国企业首次将具有自主知识产权的技术输出国门的大型桥梁技术项目。

3. 基础设施标准在"一带一路"沿线国家应用情况

2018~2019 年，住房和城乡建设部针对"一带一路"沿线国家组织开展了中国基础设施标准应用情况调查。

(1) 东南亚国家

老挝的标准化活动刚刚起步，其国家建设标准的编制是中国帮助建立的，因此，中国标准在老挝的认可度非常高。

新加坡建筑市场是一个完全开放的市场，中国企业在新加坡承接工程，由于业主标书采用英标和新加坡标准，作为承包商很难说服业主采用中国标准。菲律宾建筑市场不对外开放，外国公司不能直接参与其国内投资的工程项目。近年来，也有一些中国标准逐步应用到菲律宾和泰国的工程项目，但并不是主流做法。

印度尼西亚虽然有较完善的法律法规和国家规划指南，但地方自主权较大，中国在印度尼西亚的工程承包项目很多直接采用中国技术和标准。

根据部分项目统计，中国标准在马来西亚的应用率为 23%，主要为经援项目。越南、柬埔寨也主要是在中国援建或中资企业投资项目上。

(2) 南亚国家

此次调查的南亚国家包括阿富汗、巴基斯坦、马尔代夫、尼泊尔、斯里兰卡、印度、孟加拉国、不丹。总体来看，除印度和巴基斯坦外，南亚各沿线国家欠发达地区标准基础薄弱且未构建起完善的标准体系，同时其标准化概念较为模糊，自身没有能力培养规划师、设计师团队，故通常直接由外来规划团队提供规划成果，这导致存在同时应用多种标准体系的情况。尼泊尔有采购政策文件，但没有关于标准的有关规定。在标准使用方面，采购政策基本均规定优先使用符合国家要求的、在国际贸易中广泛使用的国际标准，或者使用能保证同等或更高质量的国内或其他国家标准。特别是当中国、欧美等标准制定理念不同的各国标准被同时采用时，标准间的协商较为困难。中国标准的使用除受地缘政治的影响外，历史渊源和文化体系带来的非认同感、关税政策、地方保护主义和高品质中国制造尚未形成全面的认可等因素也是特别要引起重视的，这些欠发达国家尽管接受中国标准，但是由于中国标准在某些领域的要求相对较高，而本地技术人才缺乏，也将导致标准无法落地。

(3) 西亚国家

近几年，中国企业在阿联酋、阿曼、巴林、卡塔尔、科威特、沙特阿拉伯这些海湾国家承揽的工程越来越多，逐渐积累了市场开拓的经验，但只有少数专利技术和产品采用了中国标准。

(4) 中东欧国家

中欧互不认可各自的设计标准，中东欧国家受到苏联、南斯拉夫及德、法、英等国影响很深，欧洲人对中国技术和产品具有不信任感。进入中东欧市场的产品认证制度复杂也是中国企业面临的一个难题。在技术标准方面，欧盟 TSI 认证非常繁杂细致，尽管中国现行高铁运营里程占世界一半多，技术标准在一定程度上高于欧洲地区的技术标准，但是，在欧盟所属的中东欧国家，铁路属于泛欧铁路走廊部分，需要满足欧盟 TSI 规范强制性要求，并要通过欧盟铁路认证机构的认证。这样，对于中国企业来说，既要满足 TSI 要求，又要尽量多地使用中国技术和装备，困难重重。

在城市轨道交通方面，中东欧国家均有健全的工程建设法规体系，这些体系均以欧盟的法规体系为基础。在标准使用方面，中东欧国家对欧盟标准、国际标准的接受程度很高。立陶宛、波兰、拉脱维亚、爱沙尼亚、马其顿、罗马尼亚、斯洛文尼亚、捷克的工程建设标准均以欧盟标准为基础建立；黑山、波黑则将欧盟标准放在第一位；阿尔巴尼亚放在第一位的是国际标准。因此，中国标准要想被这些国家接受还需走很长的路。

（5）独联体国家

此次调查的独联体国家包括白俄罗斯、俄罗斯、乌克兰、格鲁吉亚、阿塞拜疆、摩尔多瓦、亚美尼亚。独联体各国工程建设技术法规从苏联延续至今已有50多年历史，形成了较为完善的体系。独联体各国虽然各有自身的发展需求和寻找不同的发展路径，但增强国力、改善国民的生活环境和品质是各国今后的共同追求，在"一带一路"倡议下，中国资金和技术的流入是一定受欢迎的，这也为中国标准的融入和使用创造了历史的机遇。

（6）中亚国家

本次调查将哈萨克斯坦、吉尔吉斯斯坦、塔吉克斯坦、乌兹别克斯坦、土库曼斯坦作为中亚5国来分析。

中国城乡规划标准在中亚也未被应用，在承包工程中主要使用当地国家标准，除此之外，还使用阿美标准、萨比克标准和苏联标准。

中亚一些欠发达的国家尚未形成完善的规划管理体系和制度，缺乏标准制定和管理部门，未构建起完善的标准体系。但由于标准冲突协商机制未建立，一旦标准对接不畅，或者与其他援建方、合作方的标准产生冲突，只能依据个案情况进行裁量，导致标准协商结果存在一定的不确定性，影响项目效率。

总之，中亚5国因地缘关系相互联系密切，近年来都致力于与中国的紧密联系和友好合作。中亚5国的发展道路相近，发展水平相当，互为邻居，具有共同的文化背景，共同利益大于分歧，又同处"一带一路"的关键线路上。随着中国的资金和技术的不断进入，中国的文化和标准将随之渗入进去，相信在不远的将来，中国标准会逐渐被认可，中国和中亚各国通过技术交流实现标准互认的局面一定会呈现在世人面前。

六、工程建设标准信息化建设

随着信息化技术的迅猛发展，各行业积极探索工程建设标准信息化建设（表2-21），主要通过标准化信息网发布工程建设标准相关动态，个别行业（如建材、商贸）还开办了微信公众号辅助工程建设标准信息化建设，快速、高效、高质量解决技术人员标准使用需求。

工程建设标准信息化建设情况 表2-21

序号	行业	信息化平台/数据库名称（包括公众号、网站、微博等）	是否公开	查阅方式（包括网站链接、公众号名称等）
1	城建建工	国家工程建设标准化信息网	公开	http://www.ccsn.org.cn/
2	石油天然气	石油工业标准化信息网	公开	http://www.petrostd.com

续表

序号	行业	信息化平台/数据库名称（包括公众号、网站、微博等）	是否公开	查阅方式（包括网站链接、公众号名称等）
3	石油化工	中石化标准信息检索系统	公开	https：//estd.sinopec.com/
		全国机泵网	公开	http：//www.epumpnet.com
		石油化工设备技术	公开	http：//syhgsbjs.sei.com.cn
		自控中心站	公开	http：//www.cacd.com.cn
4	化工	中国石油和化工勘察设计协会官网"标准建设"专栏	公开	http：//www.ccesda.com./bzjs/
5	建材	网站	公开	http：//www.jcdez.com.cn
		微信公众号	公开	CECS建筑材料分会
		微信公众号	公开	建材标准定额总站
6	水利	水利部国际合作与科技司网站	公开	http：//gjkj.mwr.gov.cn/
		现行有效标准查询系统	公开	http：//gjkj.mwr.gov.cn/jsjd1/bzcx/
7	广播电视	国家广播电视总局	公开	http：//www.nrta.gov.cn/
		国家广播电视总局工程建设标准定额管理中心	公开	http：//dinge.drft.com.cn/
8	商贸	微信公众号	公开	cecs_ct
9	铁路	铁路技术标准信息服务平台	公开	http：//biaozhun.tdpress.com
10	公路	公路工程技术创新信息平台	公开	http：//kjcg.bidexam.com
		微信公众号	公开	公路工程标准化

第三章

地方工程建设标准化发展状况

一、工程建设地方标准数量现状

(一) 地方标准总体数量情况

1. 现行地方标准数量

截至2019年底，现行的工程建设地方标准4592项。各省、自治区、直辖市的现行工程建设地方标准数量见表3-1、图3-1。在2008~2019年期间，上海市每年现行地方标准数量均为首位，北京市、重庆市、天津市、福建省、江苏省、河北省每年现行地方标准数量持续位列前十。

现行工程建设地方标准数量（截至2019年底） 表3-1

省/自治区/直辖市	数量（项）	比例（%）	省/自治区/直辖市	数量（项）	比例（%）
北京市	357	7.8%	河南省	205	4.5%
天津市	189	4.1%	湖北省	83	1.8%
上海市	400	8.7%	湖南省	84	1.8%
重庆市	299	6.5%	广东省	126	2.9%
河北省	299	6.5%	广西壮族自治区	107	2.3%
山西省	161	3.5%	海南省	47	1.0%
内蒙古自治区	68	1.5%	云南省	87	1.8%
黑龙江省	97	2.1%	贵州省	60	1.3%
吉林省	106	2.3%	四川省	172	3.7%
辽宁省	155	3.4%	陕西省	135	2.9%
山东省	193	4.2%	甘肃省	148	3.2%
江苏省	191	4.2%	宁夏回族自治区	55	1.2%
安徽省	108	2.4%	青海省	62	1.4%
浙江省	168	3.7%	西藏自治区	23	0.5%
福建省	271	5.9%	新疆维吾尔自治区	93	2.0%
江西省	34	0.7%	总计	4592	100%

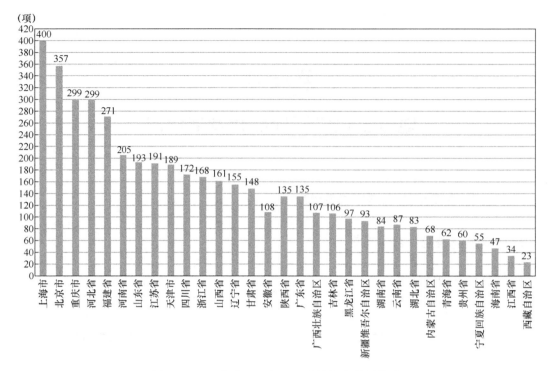

图 3-1 2019 年各地现行工程建设标准数量统计

2. 2019 年发布数量变化

2019 年，全国共发布工程建设地方标准 581 项（表 3-2）。与工程建设国家标准发布数量的波动变化不同，工程建设地方标准发布数量呈现上升的趋势，如图 3-2 所示。

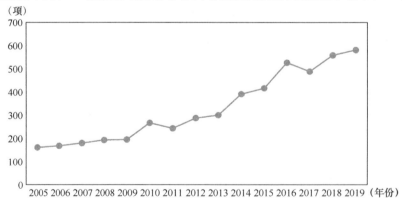

图 3-2 2005～2019 年地方标准发布总数

2019 年各地发布的工程建设地方标准数量　　　　表 3-2

省/自治区/直辖市	数量（项）	省/自治区/直辖市	数量（项）	省/自治区/直辖市	数量（项）
北京市	23	江苏省	21	海南省	5
天津市	20	安徽省	20	云南省	3
上海市	47	浙江省	28	贵州省	8

续表

省/自治区/直辖市	数量（项）	省/自治区/直辖市	数量（项）	省/自治区/直辖市	数量（项）
重庆市	40	福建省	20	四川省	34
河北省	49	江西省	8	陕西省	11
山西省	23	河南省	20	甘肃省	20
内蒙古自治区	10	湖北省	13	宁夏回族自治区	5
黑龙江省	9	湖南省	26	青海省	7
吉林省	9	广东省	29	新疆维吾尔自治区	18
辽宁省	11	广西壮族自治区	19	西藏自治区	0
山东省	25	—	—	合计	581

（二）各地工程建设地方标准具体情况

1. 北京市

截至2019年9月底，北京市住房和城乡建设委员会全年共发布8项地方标准，现行有效的工程建设和房屋管理地方标准共有167项，其中DBJ标准17项，DB11标准150项。在编地方标准84项。

2. 天津市

2019年，天津市共发布工程建设标准22项（含导则2项），完成天津市住房和城乡建设委员会年初下达报批16项标准的工作任务。其中新编15项，修编7项，主要包括《天津市城市综合体建筑设计防火标准》《天津市建筑物移动通信基础设施建设标准》《天津市建筑工程绿色施工评价标准》《天津市民用建筑信息模型设计应用标准》等，涵盖了绿色建筑、轨道交通、管廊等市政基础设施工程、新技术应用以及民生领域等内容，对提升天津市工程建设标准技术水平，完善标准体系架构，保证工程安全质量，提高城市宜居水平起到重要支撑作用。

3. 上海市

2019年，上海市住房和城乡建设管理委员会完成工程建设标准和图集制修订共65项，共征集到新立项标准59项，经评审列入2020年编制计划共34项。目前上海市现行工程建设标准400项，标准设计（图集）26项。

4. 重庆市

2019年，下达工程建设地方标准制修订计划共38项，发布工程建设地方标准40项，推动制修订标准100余项，发行标准2.1万余本。目前重庆市现行有效工程建设地方标准284项，涵盖装配式建筑、轨道交通、智慧城市、海绵城市、绿色建筑等多个领域。

5. 河北省

截至2019年11月底，河北省共完成标准立项论证90项，其中，公益类标准项目40项，四新技术50项；完成标准编制50项，其中公益类标准30项，四新技术20项。

6. 山西省

截至 2019 年 11 月底，山西省现行地标总计达到 160 余项，涵盖勘察、设计、施工等 16 个专业。2019 年批准发布城市综合管廊工程、建筑信息模型（BIM）应用、土壤源热泵系统工程、建筑固废再生利用、农村危险房屋改造加固、太阳能热水系统建筑一体化、地下连续墙、养老服务设施、电动汽车充电站及充电桩等地方标准 20 余项，在编地标 96 项，同时开展了地标复审工作，较好促进了全省建设事业高质量发展。

7. 内蒙古自治区

组织编制全区建筑节能、工程质量安全管理、绿色建筑、BIM 技术应用等方面的标准，截至目前，2019 年批准发布实施《钢丝网架珍珠岩复合保温外墙板应用技术规程》《建筑信息模型应用标准》《房屋建筑和市政工程施工危险性较大的分部分项工程安全管理规程》《居住建筑节能设计标准（节能 75％）》《工程质量安全管理控制规程》《牧区无害化卫生户厕建设与管理规范》《城市轨道交通工程建筑信息模型应用标准》《城市轨道交通建设工程勘察标准》《呼和浩特市城市轨道交通信号系统互联互通标准》等 13 册地方标准和设计标准并报住房和城乡建设部标准定额司备案。同时，完成了《V 型滤池标准图集》和《水平管高效沉淀池标准图集》的评审工作，编制组按照评审专家提出的修改意见正在修改完善中。

8. 黑龙江省

围绕推动城乡建设高质量发展为目标，在全省范围广泛征集标准制修订项目，制定了年度制修订计划。共完成 8 部地方标准的发布，涵盖建筑节能、装配式建筑、地基础、质量鉴定等内容。同时出台了《黑龙江省装配式建筑装配率计算细则》《黑龙江省城镇住宅小区供配电设施建设技术规程》和《黑龙江省城镇老旧住宅小区改造指引》共 3 部技术性导则。

9. 吉林省

结合标准项目征集情况，进行系统梳理并通过专家论证，围绕改善农居环境、城市综合管廊建设、海绵城市建设、绿色建筑、老旧城区改造、装配式建筑、建筑节能等省政府重点工作和行业发展趋势，分两批下达 2019 年全省工程建设地方标准制定编制计划 24 项。为确保项目按计划完成，提高编制效率和质量，项目负责人直接参与调研和编制工作，随时沟通协调进展情况，目前已有 20 项标准发布实施。

10. 辽宁省

按照标准化改革的相关要求，以节约资源、节能减排，降低建筑能耗、推动可再生资源利用、发展循环经济、提高建筑节能水平等相关标准的制定修订为重点，强化标准规范的系统性，突出公益性建设标准制定，充分发挥了工程建设标准化工作的技术保障和支撑作用，全省制修订工程建设地方标准 154 项，并实现了全部标准可通过辽宁省标准化信息公共服务平台在线阅览。

辽宁省以标准促进绿色建筑发展，先后组织编制完成了《辽宁省绿色建筑施工图设计技术规程》《辽宁省绿色建筑施工图审查技术规程》等 4 项绿色建筑方面地方标准的编制发布工作，为全省绿色建筑的发展提供了标准指导和技术支撑；以标准引领钢纤维混凝土技术发展，指导钢纤维混凝土技术课题进行研究，形成成果并起草发布了相关标准，标准研究达到国际先进水平；以标准带动装配式建筑发展，组织编制了装配式方面 5 项相关标准规程，其中《装配式住宅建筑设计规程》在全国属于领先水平。

11. 山东省

2019年，批准发布25项地方标准，发布6项团体标准，《水泥土复合管桩基础技术规程》（行业标准）和《被动式超低能耗居住建筑节能设计标准》（地方标准）荣获2019年"标准科技创新奖"项目一等奖，赢得了2020年第五届中国工程建设标准化学术年会承办权。

12. 江苏省

2019年，江苏省住房和城乡建设厅下达工程建设标准和标准设计编制、修订计划33项，其中新编标准17项，新编标准设计2项，修编标准14项，内容涵盖绿色建筑高质量发展、居住条件改善、城市建设与管理等方面；发布标准21项，标准设计4项。截至2019年底，江苏省现行工程建设标准191项，标准设计57项。

2019年，江苏省工程建设标准站编著了《江苏省工程建设标准解读论文集（2018）》，《论文集》阐释了相关标准编制的技术要点，总结了标准应用的实际成效，突出了标准内容的创新要点。

在江苏省第十二届绿色建筑发展大会期间，江苏省工程建设标准站同期举办了"高标准引领城乡建设高质量发展"分论坛，针对工程建设标准化改革、标准国际化、区域标准、团体标准、认证认可制度，高标准提升高质量实践等当前热点，邀请业内资深领导和专家开展了技术交流，论坛反响热烈。

13. 安徽省

安徽省现行有效工程建设地方标准108项，标准设计（图集）94项（含专项图集19项）。2019年立项编制安徽省工程建设地方标准20项，安徽省工程建设标准设计（图集）8项；完成编制并经省市场监督局发布安徽省地方标准《住宅设计标准》《高层钢结构住宅技术规程》《安徽省装配式建筑评价标准》等20项；编制印发《安徽省农房设计技术导则》《安徽省城市双修技术导则》2项；编制完成并发布安徽省工程建设标准设计（图集）7项；对2016年以前发布的现行70项安徽省工程建设地方标准和40项标准设计（图集）进行复审评估，其中《民用建筑能效标识技术标准》等10项标准和《无障碍设施》等13项图集继续使用，《居住区供配电系统技术规范》等23项标准和《建筑防水构造图集（一）》等7项图集予以废止，《建筑反射隔热涂料应用技术规程》等5项标准建议转为团体标准，《太阳能热水系统与建筑一体化技术规程》等32项标准和20项标准设计（图集）需要修编的标准将分批进行，第一批列入2020年修编计划共6项。

14. 浙江省

2019年，浙江省住房和城乡建设厅完成编制并发布24项工程建设地方标准和5项技术导则。

15. 福建省

立足区域特色特点，以及行业高质量发展需求，2019年福建省共立项了40项工程建设地方标准，新制定发布了25项工程建设地方标准（新编20项、修订5项），较好满足了行业管理需要。

16. 江西省

2019年，江西省以满足工程建设领域中的需求和解决问题为重点，内容主要涉及绿色建筑、装配式建筑、建筑节能、建筑技术、建筑施工扬尘、电动汽车充电桩等方面，其中工程建设标准16项，建筑标准设计图集7项，印发了《关于下达2019年第一批江西省工程建设标准、建筑标准设计编制项目计划的通知》。全年共批准发布8项工程建设地方标准。

17. 河南省

2019年，全省分两批列入工程建设地方标准计划30余项，涉及装配式建筑、绿色建筑、轨道交通、海绵城市建设、工程质量安全、扬尘治理、垃圾分类等专业领域。

18. 湖北省

截至2019年11月底，湖北省共批准发布工程建设地方标准84项（含5项强制性地方标准），在编工程建设地方标准85项。2019年，将《湖北省既有建筑幕墙可靠性鉴定技术规程》等13项纳入新编地方标准计划；批准发布工程建设地方标准13项，另有9项已形成报批稿。

19. 湖南省

以新型城镇化、两型社会建设为主，重点在装配式建筑、绿色建筑、绿色建材、建筑节能、信息技术及其他关系重要民生方面标准进行立项布局，全年共立项标准48项；充分挖掘和整合社会资源，发挥在湘高校、科研院所、行业协会学会及工程建设单位的人才优势，充实标准编制的力量，截至2019年12月10日，共批准发布了25项地方性标准，推进了湖南省建筑领域的技术进步，为建筑事业的发展提供了强有力的支撑。

20. 广东省

2019年，共将61项标准列入年度计划，发布地方标准29项，全省现行标准达到126项，工程建设标准体系进一步完善。

21. 广西壮族自治区

自2010年以来，广西共编制完成地方标准114项，其中完成装配式建筑相关地方标准6项，在编2项；完成地下综合管廊相关地方标准1项，在编8项；绿色建筑相关地方标准25项，在编6项；BIM技术相关地方标准5项，在编2项。2019年工程建设地方标准、导则及图集共申请立项97项，批准立项59项，2019年编制完成批准发布的工程建设地方标准20项。

22. 海南省

2019年，根据中央城市工作会议精神和住房和城乡建设部2019年工作部署，海南省地方标准制修订重点围绕提高城市基础设施和房屋建筑防灾能力，着力提升城市承载力和系统化水平方面开展，共开展制修订工作任务11项，其中完成发布和即将完成发布共9项，2项启动编制中。

至2019年底，海南省共出台工程建设地方标准51项，现行45项，废止6项，均在省住建厅官方网站上全文公开、免费下载。现行标准体系涵盖房屋建筑和市政工程领域，涉及多个专业的设计、施工、验收、材料、检测、运维管理等环节。近年出台的特色标准包括《海南省预拌混凝土应用技术标准》《海南省建筑工程防水技术标准》《海南省建筑塔式起重机防台风安全技术标准》"海南省住宅全装修系列标准"等，这些特色标准均充分考虑海南省作为全国唯一一个热带/亚热带海洋岛屿省份，所面临的高温、高湿、高盐、高日照辐射、多台风和多雨的气候特点给房屋建筑工程带来的影响，相应地做了针对性的要求。

23. 云南省

2019年，审查通过《云南省工程建设材料及设备价格信息数据采集及应用标准》等18项工程建设地方标准立项；发布云南省工程建设地方标准《云南省民用建筑施工信息模型建模标准》（DBJ53/T－97－2019）；开展《建筑基坑工程监测技术规程》等6项工程建设地方标准复审工作。

24. 贵州省

2019年，贵州省住建厅围绕基础建设、城市轨道交通、节能减排、磷石膏建筑材料的标准化，组织编制并发布了8项标准。从施工现场实验员、磷石膏建筑材料应用、检测技术和轨道交通工程等方面丰富了贵州省的工程建设标准体系。

2019年，贵州省住建厅积极组织工程建设地方标准编制工作，共有6项标准通过立项评审。

25. 四川省

2019年，四川省住建厅着力推动建筑业转型升级高质量发展、提升绿色建筑及建筑节能水平、保障安全生产、提升城市管理水平、引进新技术及技术创新等方面，加大标准供给力度，强化标准体系建设，全年共立项编制标准21项，完成标准审查共31项，发布36项。

26. 陕西省

2019年，围绕全省住房城乡建设工作重点，就城市基础设施、建筑抗震、装配式建筑、养老服务设施等领域，公开征集2019年工程建设标准编制项目。组织人员对79项工程建设标准、27项标准设计进行评审，其中《预应力鱼腹梁组合钢支撑技术规程》等53项工程建设标准、《再生骨料自发泡复合自保温体系墙体及构造图集》等19项标准设计通过立项审查。全年组织编制工程建设地方标准、标准设计20项。

27. 甘肃省

2019年开展标准编制项目的征集，经对材料审核和专家评审后，下达甘肃省工程建设地方标准及标准设计编制项目计划共42项。截至2019年12月，完成工程建设地方标准及建筑标准设计图集编制、修编共计25项（含2019年以前的计划项目）。

28. 宁夏回族自治区

2019年共申报制修订标准31项，经组织论证，通过立项27项，内容符合国家产业、技术政策、行业发展和深化标准化工作改革方向。全年批准发布5项地方标准，完成4项地方标准的审定。

29. 青海省

2019年，开展了青海省工程建设地方标准体系研究，制定了《青海省工程建设地方标准体系建设计划》，明确了工程建设地方标准体系建设思路及主要内容，查找出了短板和不足，提出了标准编制计划及项目，确定《青海省城镇公共厕所建设标准》等10项工程建设地方标准列入青海省2019年工程建设地方标准制修订项目计划。2019年，共组织编制工程建设地方标准7项，组织审查5项。

30. 新疆维吾尔自治区

截至2019年11月底，批准发布标准化成果31项，包括22项工程建设标准和9项非标准类技术规定,其中,为更好满足电采暖工作需要,编制了《南疆四地州煤改电居民供暖设施改造工程参考图集》;为进一步提升建筑节能工作质量水平,编制发布了《现浇混凝土大模内置保温系统应用技术标准》等3项建筑结构保温一体化技术标准;为推进建筑产业化发展,组织编制了《装配式建筑评价标准》等一系列标准;为打好脱贫攻坚战,实现住房安全保障,出台了《自治区农村住房安全鉴定工作指南》等8项技术规定。积极开展团体标准试点工作,将《生活消防箱泵一体化泵站选用与安装》等3项工程建设标准设计转交自治区工程建设标准化协会,按团体标准管理办法批准发布。

31. 西藏自治区

为了支持西藏高海拔生态搬迁、边境小康村建设等脱贫攻坚和生态强边重大工程的实施,在2019年,系统总结解析了西藏的传统建筑特色,重点编制了《西藏自治区农房设计通用图集》《西藏自治区农牧民居住建筑抗震技术导则(试行)》《西藏自治区村庄建设规划技术导则(试行)》《西藏自治区村庄综合整治技术导则(试行)》等具有实用价值和指导意义的技术导则和图集,从建筑风貌样式、建设规划、综合整治、农房设计、建筑抗震等多维度,较为系统地支撑了西藏自治区村庄和农房建设。

二、工程建设地方标准管理情况

(一)工程建设地方标准管理机构现状

各省、自治区和直辖市的住房和城乡建设主管部门是本行政区工程建设地方标准化工作的行政主管部门,其具体业务一般由标准定额处、建筑节能与科技处等相关处室承担。有的省市的工程建设标准化工作由其地方建设行政主管部门归口管理,同时成立具有独立法人地位的事业单位,对本区域内的工程建设标准化工作实行统一管理。详见表3-3。

近年来,在标准化改革和各地机构调整的影响下,各地方工程建设地方标准的管理模式略有不同,如在工程建设地方标准立项、发布方面,分为6种模式:一是由省、自治区住建厅和直辖市住建委单独立项并单独发布,如河北省、广西壮族自治区、上海市等19个省、自治区、直辖市;二是由省、自治区住建厅单独立项,并与省、自治区市场监督管理局联合发布,包括陕西省、甘肃省、吉林省、江苏省、宁夏回族自治区;三是省住建厅和省市场监督管理局联合立项并联合发布,包括青海省、山东省、辽宁省、黑龙江省;四是省、直辖市市场监督管理局立项,并与省住建厅、直辖市住建委或规划和自然资源委联合发布,包括湖北省、北京市住建委、北京市规划和自然资源委;五是由省市场监督管理局单独立项并单独发布,包括安徽省;六是深圳市,不由广东省住建厅统一负责,而是由深圳市住建局单独立项、单独发布。

(二)工程建设地方标准化管理制度

工程建设地方标准在省、自治区、直辖市范围内由省、自治区、直辖市建设行政主管部门统一计划、统一审批、统一发布、统一管理。北京、上海、安徽、海南、新疆等22个省、自治区、直辖市相继印发了工程建设地方标准管理办法或实施细则(表3-4),基本形成了比较完善的工程建设标准化的法规制度体系。

第三章 地方工程建设标准化发展状况

工程建设地方标准管理机构

表 3-3

序号	省、自治区、直辖市	标准立项部门	标准批准发布部门	标准备案部门	管理机构及职能职责	
					住建厅（委）/规自委主管处室	相关支撑机构
一、单独立项、单独发布						
1	山西省	省住建厅单独立项	省住建厅单独发布	住房和城乡建设部	标准定额处	省工程建设标准定额站
2	四川省	省住建厅单独立项	省住建厅单独发布	住房和城乡建设部	标准定额处	省工程建设标准定额站
3	广西壮族自治区	自治区住建厅单独立项	自治区住建厅单独发布	住房和城乡建设部	标准定额处	广西建设工程造价管理总站
4	内蒙古自治区	自治区住建厅单独立项	自治区住建厅单独发布	住房和城乡建设部	标准定额处	自治区工程造价管理总站
5	新疆维吾尔自治区	自治区住建厅单独立项	自治区住建厅单独发布	住房和城乡建设部	标准定额处	自治区建设标准服务中心
6	上海市	市住建委单独立项	市住建委单独发布	住房和城乡建设部	标准定额管理处	上海市建筑建材业市场管理总站
7	福建省	省住建厅单独立项	省住建厅单独发布	住房和城乡建设部	科技与设计处	无
8	广东省	省住建厅单独立项	省住建厅单独发布	住房和城乡建设部	科技信息处	省建设科技与标准化协会
9	河北省	省住建厅单独立项	省住建厅单独发布	住房和城乡建设部	建筑节能与科技处	省建设工程标准编制研究中心
10	河南省	省住建厅单独立项	省住建厅单独发布	住房和城乡建设部	科技与标准处	省建筑工程标准定额站
11	湖南省	省住建厅单独立项	省住建厅单独发布	住房和城乡建设部	建筑节能与科技处	无
12	江西省	省住建厅单独立项	省住建厅单独发布	住房和城乡建设部	建筑节能与科技处	省建筑标准设计办公室
13	云南省	省住建厅单独立项	省住建厅单独发布	住房和城乡建设部	科技与标准定额处	省工程建设标准技术经济室
14	浙江省	省住建厅单独立项	省住建厅单独发布	住房和城乡建设部	科技设计处	省标准设计站
15	贵州省	省住建厅单独立项	省住建厅单独发布	住房和城乡建设部	建筑节能与科技处	无
16	天津市	市住建委单独立项	市住建委单独发布	住房和城乡建设部	标准设计处	天津市绿色建筑促进发展中心

续表

序号	省、自治区、直辖市	标准立项部门	标准批准发布部门	标准备案部门	管理机构及职能职责		
					住建厅（委）/规自委主管处室	相关支撑机构	
17	重庆市	市住建委单独立项	市住建委单独发布	住房和城乡建设部	科技外事处	市建设技术发展中心	
18	西藏自治区	自治区住建厅单独立项	自治区住建厅单独发布	住房和城乡建设部	科技节能和设计标准定额处	无	
19	海南省	省住建厅单独立项	省住建厅单独发布	省建住厅报省司法厅备案获批后，再报住房和城乡建设部备案	无	省建设标定额站	
二、单独立项、联合发布							
20	陕西省	省住建厅单独立项	省住建厅和省市场监督管理局联合发布	住房和城乡建设部	标准定额处	省建设标准设计站	
21	甘肃省	省住建厅单独立项	省住建厅和省市场监督管理厅联合发布	住房和城乡建设部	无	省工程建设标准管理办公室	
22	吉林省	省住建厅单独发文件立项，同时抄送省市场监督管理厅	省住建厅和省市场监督管理厅联合发布	报住房和城乡建设部备案，同时报省市场监督管理厅存档	勘察设计与标准定额处	省建设标准化管理办公室	
23	江苏省	省住建厅单独立项	省住建厅和省市场监督管理局联合发布	住房和城乡建设部	绿色建筑与科技处	省建设标准站	
24	宁夏回族自治区	自治区住建厅单独立项并报备自治区市场监督管理厅	自治区住建厅和自治区市场监督管理厅联合发布	分别报住房和城乡建设部和自治区市场监督管理厅备案	标准定额处	自治区工程建设标准站	
三、联合立项、联合发布							
25	青海省	省住建厅和省市场监督管理局联合立项	省住建厅和省市场监督管理局联合发布	住房和城乡建设部	建筑节能与科技处	省工程建设标准服务中心	

58

第三章 地方工程建设标准化发展状况

续表

序号	省、自治区、直辖市	标准立项部门	标准批准发布部门	标准备案部门	管理机构及职能职责	
					住建厅(委)/规自委主管处室	相关支撑机构
26	山东省	省住建厅和市场监督管理局联合立项	省住建厅和省市场监督管理局联合发布	住房和城乡建设部	无	省工程建设标准定额站
27	辽宁省	省住建厅和市场监督管理局联合立项	省住建厅和省市场监督管理局联合发布	住房和城乡建设部	标准科技处	无
28	黑龙江省	省住建厅和市场监督管理局联合立项	省住建厅和省市场监督管理局联合发布	分别报住房和城乡建设部和省市场监督管理局备案	建设标准和科技处	工程建设标准化技术委员会（非法人机构）

四、市、市场监管局立项，联合发布

29	湖北省	省住建厅初审、省市场监督管理局组织专家审查并单独印发立项文件	省住建厅和省市场监督管理局联合发布	省住建厅和省市场监督管理局分别报住房和城乡建设部和国家市场监督管理总局	勘察设计处	省建设工程标准定额管理总站
30	北京市住建委	市市场监管局立项	市市场监督管理局、市住房和城乡建设委员会联合发布	住房和城乡建设部	科技与村镇建设处	无
31	北京市规自委	市市场监管局立项	市市场监督管理局和市规划和自然资源联合发布	住房和城乡建设部	城乡规划标准化办公室	无

五、市、市场监管局立项，市场监管局发布

| 32 | 安徽省 | 省市场监督管理局立项 | 省市场监督管理局发布 | 住房和省城乡建设部 | 标准定额处 | 省工程建设标准设计办公室 |

六、深圳市

| 33 | 深圳市 | 市住建局单独立项 | 市住建局单独发布 | 未报案 | 勘察设计与建设科技处 | 无 |

工程建设地方标准管理制度统计 表3-4

序号	省/直辖市/自治区	管理制度
1	北京	《北京市工程建设和房屋管理地方标准化工作管理办法》（京建发〔2010〕398号）
2	天津	《天津市工程建设地方标准化工作管理规定》（津政办发〔2007〕55号）
3	河北	《河北省工程建设标准管理规定》
		《河北省房屋建筑和市政基础设施工程标准管理办法》（河北省人民政府令〔2019〕第3号）
4	山西	《山西省工程建设领域地方标准编制工作规程》（晋建标字〔2017〕88号）
		正在制定《山西省工程建设标准化工作管理办法》
5	吉林	《吉林省工程建设标准化工作管理办法》（吉建办〔2010〕9号）
6	上海	《上海市工程建设地方标准管理办法》（沪建标定〔2016〕1203号）
7	江苏	《江苏省工程建设地方标准管理办法》（苏建科〔2006〕363号）
8	浙江	《浙江省工程建设标准化工作管理暂行办法》（浙建法〔2006〕27号）
		《浙江省工程建设地方标准编制程序管理办法》（浙建设〔2008〕4号）
9	安徽	《安徽省工程建设标准化管理办法》（建标〔2017〕266号）
		《安徽省工程建设地方标准制定管理规定》（建标〔2018〕114号）
		《关于加强工程建设强制性标准实施监督的通知》（建标函〔2017〕616号）
10	福建	《福建省工程建设地方标准化工作管理细则》（闽建科〔2005〕20号）
11	山东	《山东省工程建设标准化管理办法》（山东省人民政府令第307号）
12	河南	《河南省工程建设标准化工作管理规定实施细则》（豫建设标〔2004〕96号）
13	湖南	《湖南省工程建设地方标准管理办法》（湘建科〔2010〕245号）
		《湖南省工程建设地方标准编制工作流程》（湘建科〔2012〕192号）
14	广西	《广西工程建设地方标准化工作管理暂行办法》（桂建标〔2008〕10号）
15	海南	《海南省工程建设地方标准化工作管理办法》（琼建定〔2017〕282号）
16	重庆	《重庆市实施工程建设强制性标准监督管理办法》（渝建发〔2011〕50号）
		《重庆市工程建设标准化工作管理办法》（渝建标〔2019〕18号）
17	四川	《四川省工程建设地方标准管理办法》（川建发〔2013〕18号）
18	陕西	《关于加强工程建设标准化发展的实施意见》（陕质监联〔2015〕12号）
19	青海	《青海省工程建设地方标准化工作管理办法》（青建科〔2014〕572号）
20	宁夏	《宁夏回族自治区工程建设标准化管理办法》（政府令第79号）
21	新疆	《新疆维吾尔自治区工程建设标准化工作管理办法》（新建标〔2017〕12号）
22	贵州	《贵州省工程建设地方标准管理办法》（黔建科标通〔2007〕476号）
23	黑龙江	《黑龙江省工程建设地方标准编制修订工作指南》

1. 重庆市积极完善工程建设标准化工作制度

（1）修订《重庆市工程建设标准化工作管理办法》

为贯彻落实《标准化法》精神，进一步深化工程建设标准化改革，重庆市住建委修订发布《重庆市工程建设标准化工作管理办法》。《管理办法》增加了团体标准与企业标准的指导原则，为开展团体标准与企业标准的标准化工作提供依据；增加了标准宣贯培训、解释、实施监督检查及标准信息化建设等要求；增加了工程建设地方标准化工作及标准编制经费的使用和管理要求，以保障标准化工作及标准编制的质量水平。

（2）规范促进新技术工程应用

发布《重庆市建设领域新技术工程应用专项论证实施办法（试行）》，规范了无相关国家、地方标准或突破国家、地方标准以及重庆市相关技术规定的新技术专项论证工作，加强创新技术工程应用程序性审查和事中事后监管。

发布《重庆市建设领域禁止、限制使用落后技术通告（2019年版）》，进一步推动新技术工程应用，促进行业技术创新和转型升级发展，提高行业建设技术、工程质量和安全生产水平。

2. 河北省发布地方规章《河北省房屋建筑和市政基础设施工程标准管理办法》（河北省人民政府令〔2019〕第3号）

为贯彻落实中共中央城市工作会议精神，推动工程建设高质量发展，2019年3月，河北省颁布了《河北省房屋建筑和市政基础设施工程标准管理办法》（河北省人民政府令〔2019〕第3号），以下简称《管理办法》。该《管理办法》是新修订的《标准化法》实施以来，在全国省级层面出台的第一部工程建设标准化工作管理的地方性规章，为规范全省工程建设标准化管理，引领工程建设高质量发展提供了法律保障。2019年5月，为推动《管理办法》的实施，在全省开展了宣贯，培训规模2000人次，取得了很好的社会效益。

3. 山西省计划开展地方工程建设标准法规建设

山西省紧跟标准化深化改革步伐，计划2020年启动省政府规章《山西省房屋建筑和市政基础设施工程标准管理办法》的起草工作，通过地方立法完善工程建设标准化管理体制，规范工程建设标准化管理。发挥制度的规范效应，进一步形成齐抓共管的强大合力。

4. 江西省研究制定地方工程建设标准化工作管理办法

为加强江西省工程建设标准化工作管理，提升工程建设标准化水平，根据国家有关法律法规和规定，结合实际，研究制定了《江西省工程建设标准化工作管理办法》，目前已完成第一轮征求意见，正在修改完善。

三、工程建设地方标准编制情况

（一）京津冀区域协同工程建设标准编制

2019年共启动《绿色建筑设计标准》《海绵城市雨水控制与利用工程施工验收规范》等20余项标准共同编制。

（1）发布全国首部施工类区域协同工程建设标准《城市综合管廊工程施工及质量验收规范》，促进京津冀协同发展

深入落实京津冀协同发展战略，推动京津冀工程建设标准合作，北京市住建委、天津市城乡建设委员会、河北省住房和城乡建设厅共同制定和发布《城市综合管廊工程施工及质量验收规范》，成为首部施工类京津冀协同工程建设标准，意义重大，影响深远。此标准将助力京津冀三地加强地下综合管廊规划、建设和运营管理，解决城市道路"开膛破

肚"难题,避免"马路拉链"和"空中蜘蛛网"现象继续泛滥,促进集约利用土地和地下空间资源,提高城市综合承载能力。

高水平的工程建设标准是实现高质量发展的基础,"城市综合管廊建设标准体系"的构建,是在总结北京城市副中心综合管廊建设等工程实践经验基础上的重要成果,可满足雄安新区建设、冬奥工程、滨海新区建设等三地新建综合管廊工程建设需要,意义重大。据统计,截至2018年底,北京市综合管廊新开及续建任务150km,天津市综合管廊项目开工建设总计20km,河北省开工建设地下综合管廊180km,预计到2020年,京津冀三地结合城市道路、轨道交通和城市新区建设,建成地下综合管廊400~500km。快速建设中的京津冀三地综合管廊迫切需要一部在实践中指导综合管廊建设过程中加强质量控制、施工要求、验收规范的标准。

不同于国家标准《城市综合管廊工程技术规范》(GB 50838-2015)仅对综合管廊的施工及验收做了符合性的一般叙述,该规范全面系统描述了综合管廊工程全过程施工要求,包含管廊工程从地基基础到混凝土主体结构,从明挖法、浅埋暗挖法到TBM法等多种管廊施工方法以及防水工程施工到机电设备安装、监控报警智慧系统施工的各主要分部分项工程的施工要求和质量验收标准,具有良好的操作性。

此外,该规范还创新提出了城市综合管廊工程分部分项划分及工程代号,按照功能和工程使用,将综合管廊工程划分为土建工程及机电安装工程、监控报警及智慧管理系统两个子单位工程,同时按照施工工法将管廊主体结构分部工程划分为现浇混凝土结构、明挖装配式结构、盖挖法、浅埋暗挖法、盾构法、预制顶推法、矿山法、TBM法等多个子分部,解决了不同方法施工质量验收标准的问题,将监控报警及智慧管理系统单独组成一个子单位工程,解决了由于系统安装统一调试的验收标准问题。

(2)编制国际上首部《绿色雪上运动场馆评价标准》,助力冬奥会

为推动雪上运动场馆高质量建设,为北京2022年冬奥会、冬残奥会提供技术保障,北京市规自委、北京市住建委会同北京冬奥组委、河北省住建厅等单位,共同组织编制国际上首部《绿色雪上运动场馆评价标准》,在完成发布工作后已陆续组织、指导2022年冬奥会、冬残奥会相关雪上运动场馆开展绿色评价工作,这是京津冀三地联合制定发布的第一个工程建设标准。

该标准提出人工造雪系统采用节水技术,运行时采取节水管理措施,合理使用再生水、雨水、融雪水等非传统水源作为人工造雪用水,不得采用地下水。

根据该标准,绿色雪上运动场馆绿色评价划分为基本级、一星级、二星级、三星级4个等级,评价指标体系由生态环境、资源节约、健康与人文3类指标组成。

(二)大力推进海峡两岸行业标准共通

1. 研究两岸行业标准制度

为贯彻中央和福建省委关于促进海峡两岸行业标准共通的精神,结合两岸地理气象和人文历史特点,福建省组织两岸专家开展两岸工程建设标准关键指标的对比研究,包括标准实施法律法规和管理体制差异性,提出了借鉴台湾工程建设标准的管理政策建议。

2. 推进两岸行业标准融合

组织福建省建科院、台湾绿色建筑发展协会、台达电子(平潭)有限公司等海峡两岸

建筑行业科研机构开展《海峡两岸绿色建筑评价标准》编制工作，福建省住建厅印发了"把握标准定位、突出地域特色"等指导实施意见，并组织两岸知名专家团队进行评审，受到两岸行业专家的肯定，对推进两岸标准共通工作起到示范作用。引进台湾"JW生态工法"技术，组织编制《海峡两岸生态透水铺装技术应用规程》，该工法在2017年《海绵城市建设实用技术手册》和福州、平潭等项目上推广应用。

3. 引进台湾特色技术研究成果

组织福建建工集团与台湾润泰集团联合编制了《福建省预制装配式混凝土结构技术规程》，促进了福建省装配式建筑产业化发展。引进台湾具有抗菌防霉性能的新型装配式轻质节能墙体材料，大力发展两岸环保生态绿色建材。针对两岸气候地质特点，借鉴台湾研究成果，组织福州大学和台湾淡江大学等两岸高校联合开展《海峡两岸建筑结构风荷载规范"一岛两标"建设比较研究》，平潭综合试验区组织两岸技术专家开展沿海地区建筑耐久性提升、地质地基安全等专题研究等。

（三）重点地方标准编制工作情况

1. 北京市

（1）加强预拌混凝土质量管理，修订《预拌混凝土质量管理规程》

作为建筑结构中使用量大的建筑材料，预拌混凝土的绿色生产和质量控制对节能减排、绿色施工意义重大。通过优选原材料、再生骨料使用、合理的配合比设计、绿色生产、剩退灰处理等环节的有效控制，可有效促进资源节约与环境保护，实施绿色施工。目前北京市正常生产的预拌混凝土企业及站点有115家左右，混凝土质量控制水平参差不齐，非常有必要针对现有混凝土原材料的情况，对原标准进行梳理完善。基于以上几点，从质量控制为出发点，对《预拌混凝土质量管理规程》进行了全面修订。

（2）规范北京市建设工程数据存储行为，制定《建设工程造价数据存储标准》

随着造价管理改革及信息化的不断推进，深入贯彻"放管服"的改革思路，逐步弱化市场准入限制，加强事中、事后监管，更好地为市场主体服务，对造价数据的信息化及深度开发利用提出了迫切的要求，只有运用大数据的思维和方法，深度挖掘数据价值，科学计算造价指数指标，才能为政府宏观决策提供依据，为市场监管提供支撑，为企业发展提供服务。因此，制定《建设工程造价数据存储标准》是最为紧迫、最为基础性的工作。

《建设工程造价数据存储标准》的发布实施，一方面，可以打破建筑市场各方主体之间的数据壁垒，使工程造价信息的交换共享成为可能；另一方面，可以实施高效而有针对性的工程基础数据分析处理，为有效开展工程造价信息监测、建立实时动态的指数指标体系提供保障。此项举措，将使政府公信力和服务水平得到大幅提升，为北京市建设工程全过程造价数据的互通共享奠定基础。

2. 天津市

2019年天津市工程建设领域标准坚持以人民为中心的发展思想，坚持高质量发展，坚持以服务城建为中心任务，截至2019年底，共发布工程建设标准22项（含导则2项），完成天津市住房城乡建设委年初下达报批16项标准的工作任务。其中新编15项，修编7项，主要包括《天津市城市综合体建筑设计防火标准》《天津市建筑物移动通信基础设施建设标准》《天津市建筑工程绿色施工评价标准》《天津市民用建筑信息模型设计应用标准》等，涵盖了绿色建筑、轨道交通、管廊等市政基础设施工程、新技术应用以及民生领域等内容，对提升天津市工程建设标准技术水平，完善标准体系架构，保证工程安全质量，提高城市宜居水平起到重要支撑作用。

3. 上海市

积极推进重点领域工程建设标准编制，继续聚焦"装配式建筑""绿色建筑"标准编制工作，如填补装配式建筑标准体系空白的《装配式建筑工程监理标准》，提升绿色建筑水平的《绿色建筑评价标准》等。同时，为进一步加强城市精细化管理，落实习近平总书记近期在考察上海时"不断提高社会主义现代化国际大都市治理能力和治理水平"的讲话精神，编制了《道路合杆工程技术标准》、修订了《既有建筑外立面整治技术标准》，为了提高建设工程文明施工管理水平，对《文明施工标准》进行了修编，为了推进建筑垃圾循环利用，编制了《建筑垃圾再生集料无机混合料应用技术标准》等。

4. 重庆市

编制发布《轻质隔墙条板应用技术标准》《装配式隔墙应用技术标准》《装配式叠合剪力墙结构技术标准》等重点标准，推进装配式建筑发展，促进建筑产业现代化；发布《城乡建设领域基础数据标准》《停车场信息联网技术标准》等标准，有效推动行业与大数据智能化深度融合，为实施智能建造提供技术支撑；发布《难燃型改性聚乙烯复合卷材建筑楼面隔声保温工程应用技术标准》《增强型改性发泡水泥保温板建筑保温系统应用技术标准》等标准，全面提升住宅性能指标，改善人居环境；发布《滨江步道技术标准》《街巷步道技术标准》等系列标准，指导山城步道建设，提升城市综合品质。

5. 河北省

《河北省质量强省战略领导小组〈关于河北省实施质量强省和标准化战略2019年度工作要点〉》（冀质强发〔2019〕4号）涉及河北省住建厅分工任务：住建厅围绕绿色建筑、建筑节能、民生工程、海绵城市、村镇建设、雄安新区等重点工作，制定15项高质量标准。

截至2019年11月，质量强省15项标准编制任务已全部完成。具体为：发布《绿色建筑工程验收标准》《建筑节能工程施工质量验收标准》《装配式混凝土结构建筑检测技术标准》《城市地下综合管廊施工和验收标准》《被动式超低能耗建筑节能检测标准》《城市地下综合管廊管线监控与报警施工验收标准》《被动式超低能耗建筑评价标准》《市政管网老旧管道改造技术标准》《雄安新区地下空间工程消防安全技术标准》。《装配式混凝土异形柱结构技术标准》《装配式混凝土框架结构设计标准》《装配式型钢节点结构技术标准》《城市管网球墨铸铁热力管道设计标准》（管道设计使用年限50年）《城市管网球墨铸铁排水管道设计标准》（管道设计使用年限70年）5项标准已完成送审稿审查。其中，《雄安新区地下空间工程消防安全技术标准》是雄安新区第一部高质量标准，为雄安新区高质量建设发挥技术支撑和引领作用。

6. 黑龙江省

为进一步降低建筑能耗，出台《黑龙江省居住建筑节能设计标准》，33个城镇平均节能率为78.3%；为推动城市绿色发展，制定了《黑龙江省绿色城市建设评价指标体系》和相应的评价细则；为规范使用A级保温材料，出台《黑龙江省建筑外墙用真空绝热板（STP）应用技术规程》；为推进装配式建筑发展，制定《装配式混凝土结构工程施工质量验收标准和装配率计算细则》；为解决目前住宅供配电设施工程建设标准不统一等问题，出台《住宅小区供配电设施建设技术导则》；为推进老旧小区改造，出台《黑龙江省城镇老旧住宅小区改造指引》。

7. 吉林省

《小型生活污水处理工程技术标准》的发布实施，对规范吉林省小型生活污水处理工程的设计、施工、验收及运行起到指导作用；《居住建筑节能设计标准（节能75%）》是依据国家相关标准编制和发布实施的；按照国家绿色发展理念和国家标准，《吉林省绿色建筑评价标准》也及时进行修订，完成送审稿。

8. 辽宁省

以标准带动科技创新，引领绿色建筑发展

一是开展"为企服务解难题"，为吸引贝卡尔特在辽增资建厂，出台全国首例钢纤维管片技术标准，达到国际先进水平；开展钢纤维混凝土预制管片技术研究和试点应用。

二是完善政策措施。实施《辽宁省绿色建筑条例》，制定了《辽宁省推广绿色建筑实施意见》《绿色建筑施工图审查和竣工验收管理暂行办法》和4项绿色建筑相关技术规程。

三是推广四新技术，编制发布《辽宁省绿色建材产品推广目录》，推广新型节能材料8类，企业47家。

四是从2019年8月1日起，新建居住建筑全面执行75%节能设计标准。

五是开展节能示范，在辽中区按照标准建设农村绿色装配式农房示范项目，在宽甸县建设钢结构装配式超低能耗房屋示范项目。

六是促进成果转化，联合主办"2019年民营企业高校院所行"暨沈阳建筑大学科技成果转化对接会，展示成果200余项，成果转化21项。

9. 山东省

2019年，在工程质量标准化、装配式建筑、老旧小区改造、海绵城市、轨道交通等重点领域，规范标准编制程序，结合山东省政策规定及实际情况，适度提高标准中安全、质量、性能、健康、节能等技术指标的要求，编制了《海绵城市建设工程施工及验收标准》《历史文化街区工程管线综合规划标准》《铝合金耐火节能门窗应用技术规程》《既有居住建筑加装电梯附属建筑工程技术标准》等地方标准。其中，《城市道路工程文明施工管理标准》，填补了国内城市施工道路施工标准空白，首次提出了"绿色、智慧、文明、开放"理念，融合了HSE（健康、安全、环保）等国际先进管理体系，充分利用大数据、云计算、人工智能、BIM系统等先进技术，打造精细化文明施工管理体系，达到城市基础设施建设领域国际先进水平。该标准在济南市顺河快速路南延工程、济南市虞山大道工程、济南市世纪大道工程等重大道路交通工程中贯彻实施，明显提升了文明施工和智能化水平。

10. 江苏省

2019年，江苏省围绕绿色建筑高质量发展、装配式建筑、城市管理和城镇供水保障等重点领域开展工程建设地方标准编制工作。编制发布《装配式混凝土建筑施工安全技术规程》《建筑电气防火设计标准》《岩土工程勘察安全标准》《江苏省城市轨道交通工程设计标准》《成品住房装修技术标准》《住宅装饰装修质量标准》等21项标准，《住宅阳台》等4项标准设计。相关标准的编制进一步健全完善了江苏省工程建设地方标准体系，为推动江苏省住房城乡领域高质量发展提供有力技术支撑。

《装配式混凝土建筑施工安全技术规程》结合江苏省装配式建筑发展的特点，梳理国内外装配式混凝土建筑施工的特点和安全技术关键因素，提出装配式混凝土建筑施工安全技术措施和技术要素。标准发布实施为江苏装配式混凝土建筑施工安全管理提供了技术支撑，加快了江苏装配式混凝土建筑大规模推广应用。

《建筑电气防火设计标准》为国内首部建筑电气防火设计地方标准，标准旨在通过建立建筑电气火灾防护的概念，引导建筑电气设计人员重视建筑电气火灾的防护设计。标准细化和补充了现行国家规范中火灾自动报警和消防应急照明系统的设计要求，明确了供配电装置和线路的阻燃要求和耐火要求，并将消防设施监控的要求规范化，对江苏乃至全国的建筑电气防火设计具有指导意义。

《岩土工程勘察安全标准》结合国家标准《岩土工程勘察安全标准》（GB/T 50585－2019）编制而成，根据江苏省特点，增加无人飞行器调绘、监测、疫区、污染区、交通密集区、复杂水文条件的水域、饮食卫生等方面勘察安全管理的内容。标准的发布实施对规范江苏建设项目岩土工程勘察作业安全生产和落实安全技术防护措施，保障勘察从业人员人身安全和职业健康及设备安全，维护公共利益，促进社会可持续发展具有重要意义。

《江苏省城市轨道交通工程设计标准》根据江苏轨道网络建设和发展需求，结合江苏的气候特征、地质条件、线网特征、线路敷设方式等在国家标准《地铁设计规范》（GB 50157－2013）的基础上编制而成，对线路、车辆、行车组织、设备、风水电、建筑等专业提出节能的原则和措施，补充了客流预测、交通一体化接驳、节约能源、全自动运行系统等内容，细化了地下结构的相关技术标准，并把江苏最新的关于地下结构抗渗防漏高性能混凝土的技术要求纳入标准。

11. 安徽省

进一步贯彻落实党的十九大和中央城市工作会议精神，推行绿色生活方式，以建设小康社会标准和安徽省社会经济发展需求为基准，以提高人民群众的获得感、幸福感为目标，对标长三角，提升安徽省标准水平，重点组织编制了以绿色、节能、宜居、无障碍（适老、适幼）、全装修（一体化）、智能化等为重点的《住宅设计标准》；满足住宅产业化发展需要，突出具体设计、制作、安装及验收技术要求，操作性强的《高层钢结构住宅技术规程》；符合安徽省装配式建筑发展情况，突出安徽装配式产业、技术的《安徽省装配式建筑评价标准》；促进资源、能源节约和综合利用，保持地方、民族风貌特色，农民喜爱的安全、经济、适用、绿色的《安徽省农房设计技术导则》等。

12. 浙江省

一是围绕绿色建筑发展工作，编制并发布了《绿色建筑设计标准》《民用建筑可再生能源应用核算标准》《太阳能与空气源热泵热水系统应用技术规程》《公共建筑用电分项计量系统设计标准》《建筑信息模型（BIM）应用统一标准》《绿色建筑专项规划编制技术导则》《民用建筑雨水控制与利用设计规程》《无机非金属面板保温装饰板外墙外保温系统应用技术规程》《泡沫玻璃外墙外保温系统应用技术规程》等一大批绿色建筑地方标准和技术导则，推进绿色建筑发展。浙江省累计设计节能建筑 14.7 亿 m^2，建成节能建筑 10.2 亿 m^2，形成了年节约标准煤 1180 万 t 的能力；累计实施绿色建筑 14482 项，建筑面积 7.1 亿 m^2，绿色建筑发展规模和水平位居全国前列。

二是为大力推进装配式建筑和住宅全装修工作，编制完成了《装配式建筑评价标准》

《装配式内装工程施工质量验收规范》《叠合板式混凝土剪力墙结构技术规程》《装配整体式混凝土结构工程施工质量验收规范》《全装修住宅室内装饰工程质量验收规范》《高层钢结构住宅设计规范》《保温装饰夹心板外墙外保温系统应用技术规程》《基坑工程装配式型钢组合支撑应用技术规程》和《住宅全装修设计导则》，目前，浙江省共有已投产预制装配混凝土结构构件生产基地62个，生产线186条，可年产预制混凝土构件763万 m^3；已投产钢结构生产基地42个，可年产钢结构构件390万t，基本满足浙江省装配式建筑推进要求。截至2019年10月底，全省共新开工装配式建筑6129万 m^2，全国领先。

三是围绕城市地下综合管廊建设，组织编制了《城市地下综合管廊工程设计规范》《城市地下综合管廊工程施工及质量验收规范》《城市地下综合管廊运行维护技术规范》和《浙江省城市地下综合管廊工程兼顾人防需要设计导则》，基本形成了浙江省城市地下综合管廊地方标准体系。

四是为认真贯彻国务院关于建设工程审批制度改革精神，推进建设工程"竣工测验合一"工作，组织编制了《建筑工程建筑面积计算和竣工综合测量技术规程》，在全国率先统一了建筑工程项目的规划容积率核算、房产测量和工程量核算的建筑面积计算规则，并明确了"竣工测验合一"的技术要求。

五是为认真贯彻习近平总书记关于"普遍推行垃圾分类制度"的指示精神，编制了《城镇生活垃圾分类标准》《餐厨垃圾资源化利用技术规程》《城镇生活垃圾处理技术规程》《浙江省建筑垃圾资源化利用技术导则》等相关技术标准。

六是为规范浙江省城市轨道交通工程的建设，组织编制了《浙江省城市轨道交通设计规范》《市域快速轨道交通设计规范》《城市轨道交通设施结构安全保护技术规程》《城市轨道交通供电系统工程施工质量验收规范》。

七是为提升农村厕所环境和管理工作，编制了《浙江省农村公厕建设改造和管理服务规范》，对浙江省完成5万座农村厕所改造提升提供技术支撑。

13. 河南省

（1）编制修订扬尘治理标准，打赢蓝天保卫战

根据2016年以来河南省各地开展扬尘防治的工作实践，并借鉴外省市的经验、做法，2019年，河南省住建厅启动了《河南省城市房屋建筑和政基础设施工程及道路扬尘污染防治标准》的修订工作，主要对房屋建筑工程中土石方工程、主体工程和市政基础设施工程扬尘防治工作进一步提高了要求，确保扬尘不出工地。

（2）编制《河南省既有居住建筑加装电梯技术标准》，助力百城提质工程暨老旧小区改造

为了加快推进这项工作，河南省住建厅委托河南省建筑设计研究院有限公司承担该项标准编制工作。编制组在对上海、浙江、广东和省内城市既有住宅加装电梯实践经验基础上，参考国家现行有关标准及其他省市相关地方规定，完成了编制任务并与2019年1月发布实施。

（3）以高质量标准促进高质量发展

为落实住房和城乡建设部工程质量三年提升行动方案，推动质量管理标准化，河南省住建厅编制了《房屋建筑工程质量管理标准化规程》，为全省在建项目推行标准化管理提供了技术依据，目前全省所有新建在建工程全面实施了标准化管理，有效杜绝了房屋渗

漏、裂缝等常见问题的发生。该规程在河南省获得省建设科技成果一等奖，是全国实施标准化管理方面颁发的第一本地方标准。

（4）以先进性标准引领行业发展

为树立保障全生命周期的质量理念，提高住宅的长久价值，实现住宅工程的建设长寿化、建筑产业化、品质优良化、绿色低碳化，河南省住建厅立项编制《百年住宅工程技术标准》，以促进住宅工程品质提升。"百年住宅"实现建筑结构设计使用寿命100年，内部大空间和可变体系，管线分离体系，装配式装修，为住宅全寿命周期使用、维护提供了条件，全部应用干式工法，减少对环境的污染，目前的在建项目（碧源荣府）已经获得绿建三星、住宅性能认定3A、中国广厦奖候选项目，是新时代住宅工程高品质的代表。

14. 广东省

围绕装配式建筑、建筑节能、绿色建筑、海绵城市、城市综合管廊、污水垃圾处理、城市轨道交通、工程质量安全、抗震和防灾减灾、BIM技术应用、无障碍环境建设、历史建筑保护、南粤古驿道保护利用、5G智慧杆建设等住房城乡建设重点工作开展标准制修订工作。一是充分考虑岭南气候特点和工程实施情况，发布了《装配式建筑评价标准》《南粤古驿道标识系统规划建设技术规范》等一批有地方特色的工程建设标准；二是在全国率先出台《智慧灯杆技术规范》，助力5G产业发展；三是贯彻落实习近平总书记对历史建筑保护的指示批示精神，开展了《广东省历史建筑数字化技术规范》《广东省历史建筑数字化成果标准》编制；四是成体系开展了城市轨道交通建设系列标准编制，因地制宜地对有关技术问题作出规范。

15. 海南省

（1）通信基础设施工程建设标准

《海南省建筑物移动通信基础设施技术标准》和《海南省住宅建筑通信设施工程建设标准》对通信网络建设与建筑物共建共享方式进行了明确要求，并对5G网络布局进行了积极响应，对落实通信网络提速降费和做好自贸区（港）信息化基础工作具有重要意义。

（2）充电设施工程建设标准

《海南省电动汽车充电设施建设技术标准》和《海南省新建住宅小区供配电设施建设技术标准》综合考虑了住宅小区充电桩设置、"抄表到户"实现、电力负荷计算系数取值、消防、系统运行维护等多方面的技术要求，将推动海南省住宅小区供配电设施和充电设施的规范建设，为供配电工程质量安全提供有力保障。

（3）地下管廊建设标准

《海南省地下综合管廊建设及运营维护技术标准》和《海南省市政设施养护技术标准》结合海南城市管理特点和地下空间利用需求对地下综合管廊工程建设及市政设施养护提出了相应要求，作为技术指导依据，使得各方主体今后能更加经济、合理、有效地推进和规范海南省"五网"建设及运营维护工作。

（4）海洋工程标准

海南作为中国建设海洋强国战略举措和"一带一路"建设的重要支点，随着海洋资源开发利用和远海离岸岛礁工程建设的推动，密切关注海洋工程地材利用和海洋工程混凝土技术的发展。2019年发布的《海南省预拌混凝土技术标准》，在全国范围首次从民用建筑角度系统性提出海洋工程混凝土的技术要求，并对普通混凝土在热带海洋岛屿的生产应用作出针对性要求,为在南海地区东南亚地区推广中国标准、服务中国企业参与国际竞争做前期技术储备和长期谋划。

(5) 装配式建筑标准

为提升海南省城市建筑水平,促进海南省建筑业转型升级和可持续发展,省政府明确了海南省装配式建筑坚持标准化设计、工厂化生产、装配化施工、一体化装修、信息化管理和智能化应用的发展方向。在此背景下,启动了《海南省装配式混凝土结构预制构件生产与安装技术标准》编制工作,进一步细化原材料、构件生产、存放与运输、现场安装、施工安全等内容,作为国家标准规范的补充,以更加方便地指导海南省各企业开展工程建设。此外,还启动了《海南省建筑机电工程抗震技术标准》编制工作,针对海南高抗震设防烈度和装配式建筑的特点,对机电工程提出抗震要求。

16. 山西省

(1) 编制《农村危险房屋改造加固技术标准》,助力脱贫攻坚

为切实贯彻落实党中央、国务院和山西省委、山西省政府关于加快农村危房改造工作的部署要求,着力推进山西省农村危房改造加固维修工作,消除农村危房存在的安全隐患,保证广大农民群众的生命财产安全,2017年,山西省住房和城乡建设厅正式下达了农村危改改造技术指南课题研究任务,由山西省建筑科学研究院有限公司开展专题研究及编制工作。编制组紧密结合山西省农村危房实际,在调查研究国内农村危房改造成功经验的基础上,结合各地危房改造试点工作,系统总结了适合山西省农村危房维修加固的经验和方法,并经广泛征求专家和相关部门意见,制定了《农村危险房屋改造加固技术标准》(DBJ04/T 378-2019),该标准已于2019年3月1日正式实施。

《农村危险房屋改造加固技术标准》的编制与实施,为山西省农村危房改造提供了科学有效的技术支撑,提升了农村危房改造质量,实现了精准改造,有力地推进了山西省农村危房改造改造工作和住房安全,助力山西省脱贫攻坚。

(2) 编制《城镇老旧建筑安全排查规程》,保障人民群众生命财产安全

《中共中央 国务院关于进一步加强城市规划建设管理工作的若干意见(2016年2月6日)》中的明确要求:"全面排查城市老旧建筑安全隐患,采取有力措施限期整改,严防发生垮塌等重大事故,保障人民群众生命财产安全"。为及时对建筑年代较长、建设标准较低、失修失养严重的城镇住宅,以及违法违章建筑,特别是建筑年代超过20年的房屋进行排查,山西省住房和城乡建设厅组织编制了《城镇老旧建筑安全排查规程》。

该规程主要从建筑物的变形、开裂、破损等现象进行排查,以定性排查为主,定量排查为辅,明确了老旧建筑的排查程序、评定等级和处理原则;该规程将建筑物的排查情况和排查结果表格化,可以让工作人员快速、准确地对建筑物进行安全排查。该规程可有效、快速地对山西省城镇区域的老旧居住建筑进行安全排查,降低老旧居住建筑的安全隐患,减少人民群众的生命财产损失。

(四)复审清理情况等

1. 北京市

针对达到复审年限要求的《下凹桥区雨水调蓄排放设计规范》等共11项城乡规划地方标准开展了复审工作,确定了继续使用、废止、修订的复审建议。

2. 天津市

按照"谁主编、谁负责"的原则,天津市住建委组织12家主编单位对2014年及以前的18余项标准开展复审工作。为保证复审质量,根据《工程建设标准复审管理办法》(建标〔2006〕221号)文件要求,天津市住建委严格把控复审过程,对复审标准是否符合现行相关法律法规、政策规定,与国家现行标准内容、指标是否重复或矛盾,主要技术内容是否适用等进行复查和审议,并完成复审意见汇总工作。

3. 上海市

2019年共计复审标准47项,确定继续有效的31项,列入修订的10项,废止6项。

4. 重庆市

2019年,重庆市住建委对部分标准开展了复审,将《智能信报箱建设规范》等4项标准作出了修订的结论,并纳入2019年标准修订计划,确保现行标准的质量水平。

5. 吉林省

为贯彻落实国家及吉林省关于深化标准化工作改革工作部署,缩短标准复审周期,加快标准修订节奏,进一步优化地方标准体系,对使用年限满5年及在应用中存在问题的地方标准进行复审,确定13项继续有效、2项建议修订、2项列入今年计划,6项废止,同时为规范管理,联合吉林省市场监管厅有关部门对68项现行工程建设地方标准进行集中复审,确定继续有效或废止,对确定继续有效的标准,依据《关于进一步推进全省工程建设标准化工作的意见》,由吉林省市场监督管理厅按照工程建设地方标准独立号段重新赋号。

6. 山东省

按照地方标准制定原则和范围,对山东省2014年12月之前批准实施及外墙保温类的43项地方标准进行了清理规范。工作中严把标准复审关,采取主编单位自审,组织专家逐项审查方式,废止6项,整合修订24项,继续有效的10项,可转化成团体标准3项。通过不断清理规范,山东省工程建设地方标准逐步向政府职责范围内的公益类标准过渡。

7. 江苏省

2019年9月,江苏省住房和城乡建设厅组织开展了江苏省工程建设标准和标准设计复审工作,对2014年发布实施的以及因现行法律法规、国家标准和行业标准发生变化而不适用的32项地方标准和标准设计进行了复审,采取主编单位自审、专家审查、公示公告等方式,废止3项,修订15项,继续有效14项。通过标准和标准设计的复审,保证了江苏省工程建设标准和标准设计符合国家和江苏省相关政策技术要求,适应了江苏省建设行业高质量发展的需要。

8. 安徽省

启动工程建设地方标准复审评估工作,采用政府购买服务的方式对2016年以前发布的现行70项安徽省工程建设地方标准以及40项工程建设标准设计进行复审评估。调查统计标准的实施状况和实施效果,研究复审标准与当前国家政策和发展策略的符合性情况,与相应国家标准及江、浙、沪地方标准进行对比研究,找出差异和存在的主要问题,提出处理意见。70项标准中,10项废止、44项修编、8项继续使用、8项建议转为团体标准;40项标准设计中,7项废止、20项修编、13项继续使用。

9. 福建省

及时废止了编制时间超过 2 年的省标编制计划项目，提升省标时效性、适用性和先进性。同时，进一步规范省标审查程序，制定了《工程建设地方标准技术审查工作程序》。加快推进标准信息化管理，组织开发"福建省建设科技项目管理信息系统"，实现标准等科研项目的申报、编制、征求意见、评审、发布等环节无纸化管理。

10. 广东省

广东省建立了工程建设标准化专家委员会，发挥专家委员会技术专业特长，定期开展在编标准专项清理，对现行标准进行"体检"，确保标准的先进性和适用性。2019 年，完成了工程建设标准复审，废止了 7 项现行标准，1 项现行标准转化为团体标准，对 30 项标准进行修订或局部修订；完成了 2015 年及以前年度在编标准专项清理，终止 13 项"僵尸标准"的编制。

11. 四川省

2019 年，四川省住房和城乡建设厅组织专家开展复审标准 5 项，尤其针对群众反映较多的成品住宅装修问题，广泛征求意见，对既有标准《四川省成品住宅装修工程技术标准》进行了认真研究，并将其纳入了 2020 年度修编计划。

12. 山西省

2019 年，山西省住房和城乡建设厅对 2015 年底前批准实施的 67 项山西省工程建设地方标准开展了复审工作。经主编单位初审，山西省住房和城乡建设厅确认，继续有效 26 项，修订或局部修订 26 项，废止 15 项，保证了工程建设地方标准的有效性、先进性和适用性。

四、工程建设地方标准研究与改革

(一) 工程建设地方标准管理及体系研究

1. 京津冀区域协同工程建设标准化

(1) 签署"京津冀区域协同工程建设标准框架合作协议"

在首部施工类区域协同工程建设标准《城市综合管廊工程施工及质量验收规范》成功合作的基础上，京津冀三地扩大工程建设标准合作的意愿增强。三地住建部门为及时总结经验京津冀标准化工作合作经验，进一步扩大工程建设标准的合作领域和范围，形成制度化协同合作机制，尽快建立京津冀区域协同工程建设标准体系框架。京津冀三地共同制定并签署"京津冀区域协同工程建设标准框架合作协议"，全力推进京津冀工程建设标准协同发展。该协议由北京住建委、北京规自委、北京市场监督局、天津住建委、河北建设厅三地五方共同签署。

协议中明确提出要建立京津冀三地工程建设标准共同组织编制、统一标准文本、分别报批发布的工作模式；建立京津冀协同工程建设标准长效合作机制，明确牵头部门职责，定期轮流组织召开合作会议，加强日常沟通交流，完善标准复审、修订、废止工作机制。

京津冀区域协同标准合作，充分考虑到京津冀现有的管理体制、管理机制的不同，三地住建管理部门共同创新出"区域协同合作"的新途径，由"三地住建部门共同参与组织、三地企业共同参与编制、三地专家共同参与审查",采用"统一标准文本(正文)、统一标准备案编号(住房和城乡建设部)、统一标准实施日期"的协同模式。在行政管理层面实行"三地分别进行报批、三地分别进行发布、三地分别组织实施"。京津冀区域协同标准合作的模式是深入贯彻落实京津冀协同发展战略的重要举措。

新的协同合作模式在工程建设标准领域实现了"观念协同、管理协同、技术尺度协同",其为落实京津冀协同发展国家战略、区域协调发展战略,起到了积极的推动作用。

(2)发布《京津冀区域协同工程建设标准体系(2019—2021)合作项目清单》

依据框架合作协议,三地行业管理部门对继续推进京津冀区域协同工程建设标准工作已达成共识,共同起草《京津冀区域协同工程建设标准体系(2019—2021)合作项目清单》,经三地确认并发布。该《合作项目清单》包括城市综合管廊、超低能耗建筑及绿色建筑、海绵城市、建筑工业化、施工安全5个板块,共19项标准。三地力争到2021年编制完成19部区域协同工程建设标准,共同推动京津冀工程建设标准协同发展迈向新高度。

2. 北京市启动《北京市规划和自然资源及建设工程勘测设计标准体系》研究工作

为贯彻落实北京市委市政府《关于加强规划和自然资源领域内部约束监督的意见》第13条"完善技术标准体系"的要求,依据国家、行业、北京市地方标准的变化和今后一段时期北京市规自委标准研究、制定的需求,满足北京市规自委规划自然资源审批和行业管理工作要求,进一步做好北京市规自委标准化工作,北京市规自委提前启动《北京市规划和自然资源及建设工程勘测设计标准体系》的研究工作,现已完成《体系》框架,并提出了《体系》制定工作方案及实施意见。

3. 重庆市启动《重庆市工程建设标准体系》修订工作,精简整合标准,开展信息化建设

2019年,重庆市启动《重庆市工程建设标准体系》修订工作,在原标准体系表的基础上,科学调整专业分类,围绕重庆市住房城乡建设领域中心工作,新增城市重点建设领域专项分类,在各专业学科体系划分与城市重点建设领域工作分类中兼顾科学性与时效性,同时为了适应新的形势与标准体制改革发展方向,在体系的构成内容和总体框架方面作出相应调整。

加强标准的精简整合工作,从立项、编制、复审等环节,注重综合性标准编制,提高标准使用效率,如在立项环节将《市政管网系统监测技术标准》《城市排水管网监测技术标准》《地下管网水质监测技术标准》等类似标准整合为《市政管网系统监测技术标准》合并编制;在修订环节将《民用建筑电动汽车充电设备配套设施设计规范》和《电动汽车充电设备建设技术规范》合并修订为《电动汽车充电设施建设标准》。

建立并运行维护网络平台"重庆市工程建设标准化信息网"、微信公众号"重庆工程建设标准化"及QQ群,畅通意见反馈渠道,促使工程建设标准化工作影响力逐步提高。

4. 山西省研究构建地标体系框架

为进一步增强标准编制工作的系统性、针对性、实效性和前瞻性,有步骤、成体系地推进标准制定工作,山西省开展了标准体系课题研究,梳理了国标、行标以及地标已编、在编、待编的标准,建立了"山西省工程建设标准体系表",对近300项待编标准按照规划设计、质量安全、节能科技、城建交通、房地产与村镇建设5个分体系表分类,完成了山西省工程建设地方标准体系夯基垒台、立柱架梁的工作,为地方标准的制定、修订提供了依据。

已经完成的《建筑施工技术标准体系》，按照"技术标准""验收标准""材料标准""工艺标准""检验标准""管理标准"6类编码规则，梳理国标、行标、地标1000余项，新编工艺标准400余篇。该体系的建立，达到了山西省建筑施工技术企业标准使用的条理性、系统性和便利性目的，推动了全省建筑工程的标准化建设。

5. 黑龙江省梳理标准体系，制定待完善标准清单

为实现对工程建设标准化的科学管理和标准项目的合理布局，使工程建设标准适时全面覆盖工程建设活动的各个领域和各个环节，从而保障工程建设活动的有据有序进行，黑龙江省组织了推进城乡建设高质量发展完善标准体系工作，形成了《推进城乡建设高质量发展标准体系框架图》和《推进城乡建设高质量发展待完善标准体系清单》，共梳理标准1102次，其中国家及行业标准957次，地方标准144次，拟确定待完善标准28项。

6. 山东省推进标准化综合改革试点

认真落实山东省《关于开展国家标准化综合改革试点工作的实施方案》要求，创新标准化管理体制机制，组织筹建了山东省城镇给水排水标准化技术委员会，编制了《水质丙烯酰胺的测定液相色谱质谱法》等19项地方标准及农村"七改"相关标准。组织专家对"山东标准"建设项目《城市道路隧道通行能力规范》立项可行性进行论证，准予立项，并报送山东省实施标准化战略（国家标准化综合改革试点工作）领导小组。

7. 江苏省开展工程建设标准化改革管理机制研究

（1）协调建立工程建设标准化工作机制

2018年12月24日，在江苏省住房和城乡建设厅积极推动下，江苏省政府相关领导主持召开会议，专题研究工程建设地方标准管理工作。会议形成一致意见，自2019年1月1日起，由江苏省市场监督管理局负责对江苏省工程建设地方标准进行统一编号、上报备案，并与江苏省住房和城乡建设厅联合发布，江苏省住房和城乡建设厅负责江苏省工程建设地方标准的立项、审查、实施和监督等有关具体工作事宜。至此，新《标准化法》实施后，江苏省工程建设地方标准管理协调机制得以建立，标准相关制定、实施、监督工作全面开展。

（2）深入开展工程建设标准化改革研究

2019年，江苏省工程建设标准站完成了《江苏省工程建设标准化改革管理机制研究》课题。该课题在研究过程中深入贯彻习近平总书记"标准决定质量，有什么样的标准就有什么样的质量，只有高标准才有高质量"的重要论述，按照"高标准引领城乡建设高质量发展"的要求，总结了江苏省工程建设标准化工作成效和存在问题，根据国家和行业对工程建设标准化改革要求以及"江苏建造2025"的发展方向，提出了具有江苏特色的工程建设标准管理体系。课题研究成果充分展示了江苏省对工程建设标准化工作的思考和谋划，将对进一步提升江苏省工程建设标准化管理水平、充分发挥地方工程建设标准重要作用、促进江苏省城乡建设高质量发展具有很强的指导意义。

8. 安徽省推进地方标准体系建设

贯彻落实住房和城乡建设部《关于深化工程建设标准化工作改革的意见》精神，以"五大发展理念"为指导，坚持目标导向、问题导向，针对性地开展了绿色建筑、智能建筑、建筑外墙保温节能等标准体系研究，提出了与国标标准体系相统一协调、符合地方经济发展需求、突出地方特色的《安徽省绿色建筑标准体系》《安徽省智能建筑标准化体系》《安徽省建筑外墙保温节能标准体系》等地方标准体系建设方案。

8. 福建加大绿色建筑标准实施力度

（1）加快绿色建筑立法步伐

"全面执行绿色建筑标准"相关内容列入《福建省生态文明促进条例》和2019年省政府工作报告，加快《福建省绿色建筑发展条例》立法步伐，在全省全面启用"福建省建筑工程施工图数字化审查系统"，建立绿色建筑报审模块，加大设计源头质量把关，加大监督检查，2019年城镇绿色建筑占新建建筑占比达到60%。

（2）加大绿色建材产品应用

以新修订的国家标准《绿色建筑评价标准》为指导，结合福建省产业、气候、资源等特点，对福建省原材料资源丰富、产品技术成熟、产业发展较好、推广应用效果较好的绿色建材产品，组织编制具有区域特色的绿色建材标准体系，建立完善绿色建筑建材产品定期发布机制和考核机制，发布《福建省绿色建材产品推广应用目录（2019年）》《建筑工程绿色建材应用比例核算方法》和《关于进一步做好绿色建筑与建筑节能工作的通知》，加强工程项目在设计、施工、竣工验收等过程中落实应用绿色建材产品。

（3）出台建筑节能新标准

制定高于国家标准的地方节能标准，发布《福建省公共建筑节能设计标准》（DBJ13-305-2019）、《福建省居住建筑节能设计标准》（DBJ13-62-2019），在夏热冬暖地区实施"65%+"节能新标准，配套出台《关于严格执行建筑节能设计标准有关事项的通知》，提出简化节能报审、合理选用节能指标、严格标准执行把关、加强宣传培训示范等措施。

9. 河南省着力健全标准体系

一是建筑能效提升标准体系建立到位。在全国率先颁布实施《河南省居住建筑节能设计标准》（寒冷地区"65%+"）《河南省居住建筑节能设计标准》（寒冷地区75%）《河南省超低能耗居住建筑节能设计标准》等标准，建筑能效进一步提升。全省新建建筑节能设计标准执行率连续十多年达到100%，实施率达到99%以上。目前，全省全面执行"65%+"节能标准，8个国家清洁取暖试点城市郑州、开封、新乡、鹤壁、安阳、濮阳、焦作、洛阳率先实施75%节能标准。

二是绿色建筑标准体系完善。先后发布了《河南省绿色建筑评价标准》《河南省保障性住房绿色建筑评价标准》等，促进了绿色建筑的全面发展，为推动河南省绿色建筑健康、快速发展提供了技术支持。

三是装配式建筑标准体系逐步健全。加大装配式建筑相关标准的研究力度，先后编制了《装配整体式混凝土结构技术规程》《装配式混凝土构件制作与验收技术规程》等技术标准，确立了涵盖装配式预制混凝土结构、钢结构等在内的多种建筑结构技术体系。

10. 湖南省持续推进"标准化+"行动

以"标准化+"引领和支撑住房城乡建设事业发展，组建成立"湖南省住房城乡建设科技创新联盟"，推动标准化与住房城乡建设事业各领域、各层次深入融合；开展"标准化+技术创新"行动，加快创新成果转化、培育标准创新主体、增强标准创新服务能力。开展"标准化+城乡规划建设管理""标准化+建筑业""标准化+现代房产"行动，以标准引导行业发展，提升各行业产品质量和管理服务水平。

11. 广东省探索开展粤港澳大湾区标准共建

（1）开展了粤港澳地区工程建设标准体系对比研究

组织对粤港澳3地建设工程领域法律法规、标准体系进行调研，对3地标准体系差异进行系统对比研究，全面了解粤港澳3地工程建设标准体系情况。一是3地标准体系差异。港澳工程建设标准体系是以工程相关法律法规作原则性指导、以政府各建设领域分管职能部门的要求为控制要素、各专业顾问公司为标准执行保障主体的层级架构，更偏重于以建设工程的功能范畴、工程的投资来源或者专业技术的细化分类作为标准建立及执行的划分单位。二是实施机制差异。内地标准以强制性标准作为顶层限定，对工程环节的质量技术过程控制较多，具备强实操性。港澳标准以技术性法律法规作为基本指导原则而制定，类似于国内正在推行的团体标准，其体系架构对政府职能部门提出了较高要求，工程设计文件以及施工质量很大程度取决于标准执行者与政府审核间的商讨结果。

（2）探索开展粤港澳大湾区标准共建

一是继续探索与港台科研机构联合编制地方标准。广东省住建厅立项的广东省标准《广东省建设项目全过程造价管理规范》，结合标准编制的实际需要，吸纳了利比有限公司等一批香港工程造价咨询单位为编制组单位，充分总结粤港工程造价领域的经验做法，提升了地方标准水平。该标准已于2019年5月20日发布，于10月1日起实施。二是支持大湾区行业协会开展标准化交流活动，开展大湾区抗风标准协同研究，探索在共性领域联合编制团体标准和企业标准。三是在全国最大保障性住房项目——长圳项目中启动开展粤港标准体系对标试点，推动粤港澳大湾区标准协同发展。

（二）培育发展团体标准和企业标准

1. 天津市

本着坚持精简政府标准规模、增加市场化标准供给的总思路，贯彻落实国家以及住房和城乡建设部深化标准化改革工作文件要求，激发社会团体制定标准活力，开展培育发展团体标准工作，鼓励和引导社会团体编制拥有自主知识产权的团体标准。2019年，天津市组织召开工程建设团体标准工作座谈会，邀请天津市20余家协会、学会、企业联盟参会，积极鼓励和引导社会团体编制拥有自主知识产权的团体标准，供市场自愿使用。目前共有16家协会、学会等社会团体完成在全国团体标准信息平台上的注册工作，具备了编制和发布的资格。其中，天津市建材业协会、天津市监理协会等团体已制定了相应的团体标准管理办法，并组织开展了团体标准的编制工作。2019年共编制《天津市模塑和挤塑聚苯板薄抹灰外墙外保温系统修缮》《装配式工作指南》《道路用建筑垃圾再生骨料无机混合料》等7项团体标准，其中天津市监理协会主编的2项团体标准《建筑工程监理工作标准指南》《安全生产管理的监理工作标准指南》已发布实施。

2. 黑龙江省

建立了"黑龙江省企业标准信息公共服务平台"，对企业标准实行网上公开，方便企业及时更新企业标准及社会大众查询，提高了管理的透明度。

3. 山东省

鼓励山东省建筑安全与设备管理协会、工程建设标准造价协会、建筑节能协会等12家住建行业协会，根据行业发展和市场需求，主动承接政府转移的标准，制定新技术和市场缺失的团体标准,供市场自愿选用。工作中做好服务,组织召开了工程建设团体标准工作座谈会,宣讲团体标准立项、编制、审查、发布等规定要求,并参与团体标准编制及审查。已发布《建设工程施工现场配线箱》等 6 项团体标准,另有 10 余项正在编制中。2019 年可转化为团体标准的《低能耗建筑外墙隔离式防火保温体系应用技术规程》(DB37/T 5070-2016)和《低能耗建筑外墙粘贴复合防火保温体系应用技应用技术规程》(DB37/T 5071-2016)已列入中国工程建设标准化协会团体标准制定计划,并已通过审查,将以 CECS 标准发布。

4. 江苏省

随着政府简政放权深入推进,为提高工程建设企业标准水平,进一步推进工程建设企业科技创新,2013 年江苏省住房和城乡建设厅发布《关于加强工程建设企业技术标准质量管理的通知》(苏建函科〔2013〕711 号),确立了工程建设企业技术标准认证与公告制度,以此取代了推荐性技术规程。企标认证公告制度进一步明确了标准编制实施过程中企业的主体地位,发挥了企业创新优势。同时,企业标准制定具有灵活、快速、实用的特点,可作为国家、行业、地方标准的补充,有助于构建更加完善的工程建设标准体系,对于解决新技术应用缺乏标准的燃眉之急、保证建筑品质起到积极作用。截至 2019 年底,江苏省共认证公告了 170 多部工程建设企业技术标准(标准设计),这些企业标准有力促进和规范了新技术、新材料、新工艺、新产品的推广应用。完成的课题《工程建设企业技术标准认证公告机制、绩效及信息化研究与实践》项目获"华夏建设科学技术奖"三等奖。

5. 安徽省

(1) 印发《安徽省工程建设团体标准管理暂行规定》

深入推进安徽省工程建设领域标准化改革工作,组织制定并印发《安徽省工程建设团体标准管理暂行规定》(建标〔2019〕90 号),对工程建设团体标准制修订原则、编制程序、法律地位、监督要求等方面提出统一要求,规范工程建设团体标准管理,促进工程建设团体标准发展。

(2) 制定《安徽省工程建设团体标准第三方评估技术规范》

推进工程建设标准化改革,推动工程建设团体标准快速、持续、健康发展,组织制定《安徽省工程建设团体标准第三方评估技术规范》,引导、规范安徽省工程建设团体标准制定,提升工程建设团体标准质量。

(3) 指导社会团体制定团体标准

指导安徽省土木建筑学会、安徽省建筑节能与科技协会开展工程建设团体标准编制工作。目前,安徽省土木建筑学会已发布工程建设团体标准《冷弯薄壁型钢-轻聚合物复合墙体建筑技术规程》(T/CASA0001-2019),自 2020 年 6 月 1 日起实施;安徽省建筑节能与科技协会已发布工程建设团体标准《榫槽式石墨模塑聚苯乙烯保温隔声板浮筑楼面保温隔声工程技术规程》,自 2020 年 1 月 1 日起实施。

6. 福建省

为指导推动组织行业协会和企业编制市场需求的标准,先后下达了《工程建设团体标准和企业标准制定与应用评价标准》编制计划。同时,组织开展行业产学研合作活动,将原由福建省住建厅立项的 30 多项省标计划,转由福建省土木建筑学会等行业协会编制团

7. 广东省

广东省住建厅积极引导有条件的社会团体和企业根据市场需要，制定高于推荐性标准水平的团体标准和企业标准，填补政府标准空白。广东省勘察设计行业协会、建筑业协会、建设科技与标准化协会等多个行业协会开展了团体标准编制，已发布《建筑幕墙用高性能硅酮结构密封胶》《预制混凝土构件生产企业星级评定标准》等一批团体标准，和政府标准互为补充。

五、地方工程建设标准国际化情况

（一）上海工程建设标准国际化工作取得进展

根据上海市委书记在2018年会见住房和城乡建设部领导时提出的"在提高标准国际化水平方面，上海要先试先行，积极参与国际标准化活动"指示精神，在住房和城乡建设部指导下，上海积极开展工程建设标准国际化工作试点。

充分发挥国际窗口城市示范引领作用和建筑科学产业集聚优势，在对建设工程优势领域相关骨干企业、高等院校、科研院所、国际标准化组织驻沪办事机构等单位进行充分调研的基础上，研究制定了《上海市推进工程建设标准国际化工作方案》《上海市推进工程建设标准国际化工作三年行动计划》（以下分别简称《工作方案》《三年行动计划》）作为上海市推进工程建设标准国际化工作的指导性文件，并通过了住房和城乡建设部科技和产业化发展中心组织的专家评审，将提请上海市政府办公厅转发。

《工作方案》分别对上海市推进工程建设标准国际化工作的近期、中期、远期目标进行了科学规划，提出了提出优化管理机制，提升工程建设标准的国际兼容性；聚焦优势领域，提高工程建设标准的质量水平；坚持多措并举，加强标准国际化人才培养与交流；拓展载体渠道，积极开展工程建设标准国际化活动；搭建服务平台，全面提升工程建设标准国际化水平五项重点任务。配套制定的《三年行动计划》明确了2020~2022年的工作目标，进一步明晰了职责分工、工作内容、工作路径，为工作推进提供具体实施清单。

在推进标准国际化工作过程中，上海首先提出了"政府推动、企业主导、多元参与"的工作原则，并由市住建部门指导中国建筑第八工程局有限公司牵头成立了专注工程建设标准国际化研究与工作推进的"上海工程建设标准国际化促进中心"，作为推进标准国际化工作的实体化运作平台，充分发挥中心成员单位在科研、人才、资金等方面的优势，形成合力，共同助力标准国际化工作。

在超高层建筑、轨道交通、自动化码头等优势领域，分别启动了3本外文版标准研编项目。同时，为了规范外文版标准编制程序、严控标准编制质量，启动了《工程建设标准国际化指南》研编工作。

（二）福建发挥企业作用，助力标准国际化

一是开展了课题研究"我国夏热冬暖地区与东南亚国家和地区绿色建筑与绿色生态城区标准化的比较研究"，提供区域性绿色建筑标准工程应用实施政策性建议，为福建企业

走出去作好前期准备工作。

二是鼓励福建省勘察设计和施工企业积极拓展缅甸、柬埔寨、马来西亚等建筑市场，抓住东南亚国家重视制定并强化执行本国建筑标准机会，发挥福建省特色技术标准优势，协助柬埔寨等国家编制了《工程建设优先执行标准》（相当于中国的强制性标准）。

三是在援建项目建设过程中，推广产品标准。福建建工集团代表福建承担援非建设项目，在肯尼亚投资建设了建筑工业化研发生产基地。2018年福建省建筑设计研究院制定完成了《预制预应力空心板》和《预制混凝土叠合楼板》等产品生产标准，这些产品标准综合了中国装配式混凝土技术特色和英标（肯尼亚采用）的相关规定，结合当地情况进行编制而成，并在内罗毕肯尼亚中央银行社保基金大楼（CBK）项目中成功应用，获得了肯尼亚政府和业主的高度认可。

（三）广西助推中国标准面向东盟走出去战略

为落实国家"一带一路"倡议和标准联通共建"一带一路"行动计划，推进中国标准面向东盟"走出去"，2019年10月出台《广西工程建设标准国际化方案》（桂建标〔2019〕23号），明确广西工程建设标准国际化工作的近期、中期和远期目标，部署广西工程建设标准国际化工作的主要工作任务，为广西工程建设标准国际化工作提供了路径和保障。通过优势领域技术走出去，带动标准走出去，重点推进了广西工程建设地方标准《RCA复配双改性沥青路面标准》转化为越南国家标准，目前该标准已完成初稿，中方已与越方共同成立了实验室，正在开展实验论证工作，并筹备越南首条实验路段的铺设工作。

（四）海南地方标准国际化助力自贸区（港）建设

自习近平总书记"4·13"讲话发表以来，住房和城乡建设部全面支持海南自由贸易区（港）建设，指导海南开展工程建设标准国际化试点示范工作。海南省政府关于《推进海南全面深化改革开放三年行动方案（2018—2020年）》中，明确提到要"推动海南开展中外工程建设标准化交流与合作，提高工程建设标准的国际化水平，促进建筑企业走出去"。

海南省自贸区（港）建设的重要工作任务之一，就是要建立开放型经济新体制，在建筑业领域就是企业请进来和走出去两方面的需求。一方面对于请进来的企业，需要高质量、高水平和高度国际化的工程建设地方标准与自贸区（港）建设相匹配，以便于企业的使用和政府部门的监督管理；另一方面对于走出去的企业，需要结合海南的优势领域，根据项目所在国特点，针对性输出中国标准，使之落地成为当地国的标准。

海南标准国际化工作开展的总体思路：作为全国唯一的热带/亚热带海洋岛屿省份，地理气候不利因素的应对、海洋资源开发利用和远海离岸岛礁工程建设的推动将是海南工程建设地方标准化工作的优势方向，也是海南标准辐射至地理气候特点相近的东南亚国家的有力切入点。

目前，海南地方标准体系与国际接轨工作还在起步探索阶段，标准体系仍然沿袭国家工程建设标准体系，只是在部分标准编制中做了一些尝试，比如《海南省建筑塔式起重机防台风安全技术标准》在编制过程中搜集了北美、欧洲等地的塔机规范和标准作为塔机非工作状态计算风压和计算风速的数据来源，其中塔机部件耐腐蚀要求参照了 ISO 12944 的 C5-M 中等预期耐久性要求；《海南省建筑工程防水技术标准》在地下结构自防水和外墙防水章节中，参考了欧洲、日本等地的防水设计理念；热带海洋资源利用和远洋岛礁工程建设是中国的优势领域，是目前最有可能向外辐射的技术领域，《海南省预拌混凝土应用技术标准》的海工混凝土章节在目前的民用岛礁工程实例的基础上进行了初步总结和提炼，下一步将站在国际化的高定位上去开展相应研究工作。

第四章
工程建设标准化专题研究

一、全文强制规范研编情况

为深入推进工程建设标准化改革，住房和城乡建设部印发了《深化工程建设标准化工作改革意见的通知》（建标〔2016〕166号），对标准化改革方向和任务要求提出了明确的意见。根据改革意见的要求，建立适合中国国情的技术制约体制，工程建设标准由条款强制转变为全文强制已经成为改革的关键工作。工程建设规范是开展工程建设活动的"底线"要求，具有"技术法规"性质，在中国工程建设标准规范体系中位于顶层，为全文强制规范，也是政府部门依法监督的技术依据。

2016～2017年，住房和城乡建设部下达了公路工程、兵器工程、水利工程、水运工程、民航工程、铁路工程、农业工程、通信工程、电子工程、化工工程、有色金属工程、石油化工工程、冶金工程、轻工工程、纺织工程、建材工程、防治工程、医疗卫生工程、林业工程、广电工程、邮政工程、石油工程、煤炭工程、电力工程共24个工程建设领域强制性标准体系研编计划。

根据住房和城乡建设部每年下达的《工程建设规范和标准编制及相关工作计划》，表4-1统计了各个行业领域全文强制规范研编情况。工程建设规范的起草分为研编、正式编制2个阶段，截至2019年底，城乡建设领域34项规范已列入编制计划，并进入正式编制阶段。

全文强制规范研编情况　　　　　表4-1

序号	行业	全文强制规范研编（项）		
		项目规范	通用规范	合计
1	城乡建设	研编完成34项，已列入2019年编制计划，正在编制中		
2	石油天然气	6	2	8
3	石油化工	4	2	6
4	化工	4	3	7
5	水利	3	1	4
6	有色金属	9	2	11
7	建材	3	—	3
8	电子	5	5	10
9	医药	3	2	5
10	农业	6	—	6

续表

序号	行业	全文强制规范研编（项）		
		项目规范	通用规范	合计
11	煤炭	5	5	10
12	兵器	5	3	8
13	电力	7	3	10
14	纺织	6	—	6
15	广播电视	2	—	2
16	海洋	—	2	2
17	机械	—	1	1
18	交通运输（水运）	—	5	5
19	粮食	3	1	4
20	林业	5	1	6
21	民航	1	—	1
22	民政	1	—	1
23	轻工业	4	—	4
24	体育	1	—	1
25	通信	3	—	3
26	卫生	2	—	2
27	文化	1	—	1
28	冶金	6	6	12
29	邮政	2	—	2
30	公共安全	0	2	2
31	测绘	0	1	1

1. 石油天然气

截至 2019 年底，国家能源局主编的 8 项石油天然气全文强制规范研编工作按计划完成，其中，项目规范 6 项，通用规范 2 项。另有一项由公安部主编的《可燃物储罐、装置及堆场防火通用规范》仍在研编中。

2. 石油化工

2019 年，中国石化承担 6 项工程规范的研编任务，经前期准备和中期评估，最终通过项目研编验收。研编中开展对外部防护距离、安全消防、事故应急处置等 25 个专题研究，对比国内外法律法规、分析国际通用做法等。该 6 项研编成果验收的专家意见分为两种情况：一是《加油加气站项目规范》《石油库项目规范》《地下水封洞库项目规范》3 项，建议直接列入正式编制计划；二是《炼油化工辅助设施通用规范》《工业企业电气设备抗震通用规范》不再单独立项编制，建议与《炼油化工工程项目规范》合并列入正式编制计划。

3. 化工

化工行业工程建设规范体系分为项目类技术规范和通用类技术规范设置（图 4-1）：

项目类技术规范4项，涵盖所有化工项目；通用类技术规范3项，是多行业通用。这7项规范于2017年获得主管部门住房和城乡建设部批准立项研编，工业和信息化部为主编部门，中国石油和化工勘察设计协会为组织单位。研编工作于2018年启动，2019年12月底完成研编成果，全部通过验收。

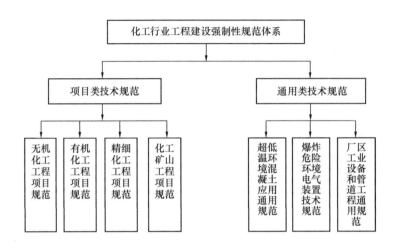

图4-1 化工行业工程建设强制性规范体系框架

4. 水利

水利部共有10项全文强制规范正在研编或编制，其中《防洪治涝工程项目规范》《农村水利工程项目规范》《水土保持工程项目规范》《水利工程专用机械及水工金属结构通用规范》4项规范列入住房和城乡建设部2018年研编计划，目前均已完成中期评估。

5. 有色金属

根据技术法规、国家标准、行业标准、团体标准的新定位，按照住房和城乡建设部2018年标准规范及相关工作计划要求，有色金属行业积极组织开展11项全文强制规范的研编工作。2019年12月3～5日，11项国家工程建设规范研编项目全部通过住房和城乡建设部、工业和信息化部及各研编项目专家组审查验收，为工程建设规范的正式立项编制奠定了扎实的基础。

6. 建材

在2018年的基础上，进一步研编修改了《建材工厂项目规范》《建材矿山工程项目规范》《水泥窑协同处置项目规范》3项规范，并顺利通过评审。在研编的基础上立项3项全文强制性规范《建筑废弃物再生工厂项目规范》《玻纤岩棉工厂项目规范》《平板玻璃工厂项目规范》。

7. 电子

《国家工程建设强制性标准体系（电子工程部分）》共包括全文强制规范10项。2019年，电子行业根据研编现状和实际情况，申请增加1项项目规范，已批准并列入2020年国家标准规范编制计划。电子工程建设全文强制性规范体系表详见表4-2。

电子工程建设全文强制性规范体系　　　　　　　表4-2

序号	工程项目类	序号	通用技术类
X1	电子元器件厂项目规范	T1	工程防静电通用规范
X2	电子材料厂项目规范	T2	工程防辐射通用规范
X3	废弃电器电子产品处理工程项目规范	T3	工业纯水系统通用规范
X4	电池生产与处置工程项目规范	T4	工业洁净室通用规范
X5	数据中心项目规范	T5	电子工厂特种气体和化学品配送设施通用规范
X6	印制电路板厂项目规范		

8. 医药

针对新冠病毒疫情突发公共卫生事件，高等级生物安全实验室整体安全设计再次被高度关注，因此，加强设计和施工标准建设的力度、完善运行管理体制，尤其对其基础性课题、政策性课题、前瞻性课题开展调研将是重点工作之一。因此，在《医药生产工程项目规范》和《医药研发工程项目规范》研编报告中，补充免疫细胞疗法和高等级生物安全实验室设计的研编内容，免疫细胞疗法是最新一种疾病治疗方法。2017年，美国FDA批准首个免疫细胞疗法用于急性B淋巴母细胞白血病的临床治疗，被称为药物演变历史上第三个里程碑，由于其GMP环境，且实验室空间规模的特点，因此，硬件设施的建设标准需要探讨和研究。

9. 农业

2016~2019年，农业工程建设标准化领域主要围绕标准体系完善、关键标准研究等工作开展课题研究。研究提出了国家工程建设强制性标准体系（农业工程部分）项目表和项目说明。根据农业工程自身的特点，项目表中"工程项目类规范"部分没有完全按照工程项目类别划分，而是将该体系划分为农田建设工程、设施园艺工程、畜牧工程、渔业工程、农产品产后处理工程、农业废弃物处理与资源化利用工程6类，目前依据该体系开展相关规范研编。

10. 煤炭

工程建设规范体系（煤炭工程部分）中，工程项目建设技术规范5项，通用技术类技术规范5项，详见表4-3。煤炭行业这10项全文强制性规范，将成为煤炭工程建设标准体系的"金字塔尖"，未来煤炭工程建设领域的标准制定将紧紧围绕此10项规范来编制相应国家推荐性标准、行业标准和团体标准，其中3项矿山通用规范是煤炭、有色、冶金、建材、化工、黄金和核工业7个矿山行业通用规范。

工程建设规范体系（煤炭工程部分）体系　　　　　　　表4-3

	项目建设类技术规范（5项）		通用技术类技术规范（5项）
1	煤炭工业矿井工程项目规范	1	煤炭工业矿区总体规划通用规范
2	煤炭工业露天矿工程项目规范	2	煤炭工业安全工程通用规范
3	煤炭工业洗选加工工程项目规范	3	矿山特种结构通用规范
4	煤炭工业矿区辅助附属设施工程项目规范	4	矿山供配电通用规范
5	瓦斯抽采与综合利用工程项目规范	5	矿山工程地质勘察与测量通用规范

2019年重点工作是10项全文强制性规范研编工作的中期评估审查、验收审查工作以及与有关部委的沟通、汇报和协调。对10项规范研编工作分别组织召开中期评估审查、验收审查会议。各研编组根据验收审查会议要求，全面修改完善后，将10项规范研编稿报送住房和城乡建设部，同时报送国家能源局、国家矿山安全监察局和工业和信息化部。

11. 纺织

2018年，中国纺联承担《化纤原料生产工程项目规范》《化纤工程项目规范》《纺织工程项目规范》《染整工程项目规范》《服装工程项目规范》《产业用纺织品工程项目规范》6项工程规范研编工作。在结合现行相关标准和前期广泛调研的基础上，2019年中国纺联分别组织完成了6项规范的中期评估和验收工作。验收过程中《化纤原料生产工程项目规范》涵盖范围与其他研编规范有所重叠，审查专家建议并入相关规范不再独立立项编制，其他5项规范均建议正式立项编制。2年的全文强制规范研编工作，为今后的纺织综合性的强制规范编制工作奠定了基础。

二、全文强制规范编制情况（以《燃气工程项目规范》为例）

截至2019年底，共有34项城乡建设领域全文强制规范正式列入编制计划，其中通用规范24项，项目规范10项。2019年已经在全国范围内2次公开征求意见。本节以《燃气工程项目规范》为例，从编制目的、主要内容、解决的主要问题、国际化经验借鉴4个方面对全文强制规范进行介绍。

（一）编制目的

为适应中国工程建设标准化改革，借鉴西方市场经济国家燃气行业的"技术法规"制定经验，以保证燃气工程的"本质安全"为目标，中国率先在燃气行业工程建设标准领域开展了改革探索。2015年起，在全文强制国家标准《城镇燃气技术规范》（GB 50494-2009）的基础上，结合国外"技术法规"对保障燃气工程质量安全和连续稳定供气所起的作用以及基本构成要素等内容，制定中国燃气行业的工程建设强制性规范《燃气工程项目规范》（以下简称《规范》）。

《规范》作为行政监管和工程建设的底线要求，将成为中国燃气工程"技术法规"体系的重要组成内容。《规范》以燃气工程为对象，以燃气工程的功能性能目标为导向，通过规定实现项目结果必须控制的强制性技术要求，力求实现保障燃气工程本质安全的最终目标。《规范》作为燃气行业现行法律法规与技术标准联系的桥梁和纽带，对于《城镇燃气管理条例》等法律法规实现法律规定的技术性转化或者技术性落实、今后推荐性技术标准以及团体标准、企业标准的制定，起到"技术红线"和方向引导的作用，为行业技术进步预留了发展空间。

（二）主要内容

《规范》在梳理现行工程建设强制性条文的基础上，进一步对燃气工程的规模、布局、功能、性能和技术措施等进行了细化，实现对燃气工程项目建设、运行、维护、拆除等全生命期的覆盖，为燃气工程设计、施工、验收过程中五方责任主体所必须遵守的"行为规范"提出了具体技术要求。

1. 关于燃气发热量波动范围

现行的国家天然气质量标准（GB 17820）只规定了天然气的最低发热量。在具体工程实践中，天然气的热值波动较大，甚至超过10%。其结果一方面可能影响消费者的利益，同样的价格买到了较低热值的天然气；另一方面热值波动范围扩大，有可能降低灶具热效率和改变燃烧产物成分，影响清洁能源的高效利用。《规范》首次明确提出燃气的发热量波动范围为正负5%，作为强制性的技术条款将有效改变目前的状况，从而提高中国燃气供应的质量水平和技术水平。

2. 关于燃气设施的保护控制范围

在现行的工程规范中，对燃气设施与其他建构筑物的间距有具体规定。但是由于现实情况的复杂性，这个间距要求，很难得到完全满足。在《城镇燃气管理条例》中，对燃气设施的保护控制范围提出了原则要求。《规范》根据对国内情况的充分调研，提出了燃气设施的最小保护范围和最小控制范围的具体要求。改变了燃气设施单纯靠间距保证安全的局面，对于实现燃气设施科学建设和本质安全有着积极的意义。

3. 关于输配管道安全控制分级

在输配管道的安全控制方面，中国现行的工程规范是按照设计压力来分级的。在实际运行过程中，管道的最高运行压力往往要低于设计压力。如果按照设计压力来进行分级，可能造成管道的保护控制范围加大，从而造成建设的困难程度加大和投资的增加。按照最高运行压力来进行分级可避免这类问题的出现，同时也和国际工程规范的通行要求保持一致。

（三）解决的主要问题

目前，中国燃气工程建设过程中仍面临着一些亟待解决的问题：一是燃气供气质量有待进一步规范，特别是燃气发热量的波动范围这一关键衡量指标缺失，可能造成消费者利益的损害和影响能源的高效清洁利用；二是燃气输配系统在安全控制上按设计压力分级，造成运行维护过程中一定程度的资源和投入的浪费；三是现行技术标准中对法律法规中规定的内容缺乏必要的技术衔接；四是预防家庭用户燃气安全事故和规范液化石油气使用的措施有待加强。为了切实解决上述问题，保障燃气供应，防止和减少燃气安全事故，保障人民生命、财产安全和公共安全，促进能源资源节约利用，《规范》中明确了发热量变化的波动范围，调整了燃气输配系统的压力分级方式，突出了家庭用户管道加装安全装置，同时，与《城镇燃气管理条例》相衔接，对燃气输配管道及附属设施的最小控制范围和最小保护范围进行了具体的量化规定。

（四）国际化经验借鉴

从国外主要市场经济国家的燃气技术法规的制定和实践看，主要有以下几个方面的特点：一是强化燃气工程本质安全的理念，注重重要燃气设施的安全制度的建设与技术实施，例如，英国燃气法案中规定，重要燃气设施要在显要位置公布联系电话，比较重大的燃气设施要采用不发火花地面，一般行为人能够接触的位置要使用防静电火花的材料覆盖；二是强调家庭用户的安全技术措施，例如，日本燃气事业法中强制规定家庭用户管道必须加装避免燃气过流、超压或欠压的安全装置；三是燃气输配系统一般根据最高工作压力进行分级，例如，上述2国的燃气或天然气法律中运行管理要求均按照燃气输配系统的最高工作压力执行。

　　结合中国燃气工程的实际情况，编制组充分吸收了国外技术法规的经验和理念，《规范》除对上述国外法规中的技术规定进行了引用外，还对相关内容进行了细化规定："燃气设施建设和运行单位应建立健全安全管理制度和操作维护规程，制定事故应急预案，并应设置专职安全管理人员"；"调压设施周围的围护结构上应设置禁止吸烟和严禁动用明火的明显标志，无人值守的调压设施应清晰地标出方便公众联系的方式"；"输配管道应根据最高工作压力进行分级"；"家庭用户管道应设置当管道压力低于限定值或连接灶具管道的流量高于限定值时能够切断向灶具供气的安全装置；设置位置应根据安全装置的性能要求确定"。

第五章

中国工程建设标准化发展与展望

一、改革背景

自中华人民共和国成立以来，尤其是改革开放 40 年来，随着中国经济体制的改革，工程建设标准体制不断地进行与之相适应的改革，经历了以推荐性标准试点为代表的向"两头延伸"的改革阶段，由单一的强制性标准向强制性标准与推荐性标准相结合的标准体制过渡的改革阶段，以"强制性条文"为代表的强制性标准深化改革阶段，以及目前正在推进的以全文强制性规范为代表的工程建设标准体制深化改革阶段。每一个阶段的改革，都极大促进了工程建设标准化工作的深刻变革，更好地发挥了工程建设标准的技术支撑作用。目前，以政府为主导制定的具有中国特色的工程建设标准已将近 1 万项，已经基本形成了覆盖工程建设各领域的标准和标准体系。这些工程建设标准在保证工程质量安全、促进产业转型升级、强化生态环境保护、推动经济提质增效、提升国际竞争力等方面发挥了重要作用。尽管中国工程建设标准化工作已经取得长足进步，但是，正是这近 1 万项的工程建设标准和以这些标准为基础构成的工程建设标准体系，在发展过程中累积起来的矛盾和问题，已经发生了量与质的变化。

一是中国工程建设标准缺失老化滞后，难以满足经济提质增效升级的需求。在新《标准化法》发布之前，中国的工程建设标准，除企业自编自用的企业标准和部分社会团体试点编制的少量团体标准外，一直沿用苏联模式，只有政府一家供应。标准制定周期平均为 3 年，远远落后于产业快速发展的需要，标准更新速度缓慢，"标龄"高出德、美、英、日等发达国家 1 倍以上。当前，节能降耗、新型城镇化、信息化和工业化融合、电子商务、商贸物流等领域发展迅速，但这些领域的标准供给仍有较大缺口，新技术难以及时形成标准推广。标准整体水平不高，难以支撑经济转型升级。

二是中国工程建设标准"碎片化"问题明显，造成政府和社会、国家和地方、对内和对外工程建设标准化发展的严重不平衡。目前，现行工程建设国家标准、行业标准、地方标准将近 1 万项，有些标准技术指标不一致甚至冲突，既造成企业执行标准困难，也造成政府部门制定标准的资源浪费和执法尺度不一，缺乏强有力的组织协调，难以避免交叉重复矛盾。

三是中国工程建设标准国际化程度低，在国际市场权威性有待提升。中国的工程建设标准化从总体上看仍然是内向型的，整个发展过程，都是围绕国内建设市场，根据质量安全监督管理、新技术推广应用、科技进步和工艺设备发展需要等开展的标准化活动。随着中国对外投资水平、工程建设能力的不断提升，中国工程建设标准在海外建设工程中应用不断增多，但总体上，欧美国家的标准在国际上影响较大。中国工程建设标准与欧美标准存在较大差异,标准体系分类方式不同,标准编写思路存在差异,工程设计基础差异大,难以适应海外工程建设管理模式,对中国承建的海外工程建设项目产生不利影响。

二、工程建设标准化改革政策

针对上述问题,国务院、工程建设标准化主管部门积极制定并出台改革政策,推动工程建设标准化工作更好地适应市场经济发展要求。

1. 国务院 《关于印发深化标准化工作改革方案的通知》

2015年,国务院印发了《深化标准化工作改革方案》(国发〔2015〕13号),对标准化体制改革作了全面的部署,提出了"紧紧围绕使市场在资源配置中起决定性作用和更好发挥政府作用,着力解决标准体系不完善、管理体制不顺畅、与社会主义市场经济发展不适应问题"的改革思路,确立了"建立政府主导制定的标准与市场自主制定的标准协同发展、协调配套的新型标准体系,健全统一协调、运行高效、政府与市场共治的标准化管理体制,形成政府引导、市场驱动、社会参与、协同推进的标准化工作格局"的改革目标,为《标准化法》的修订奠定了基础。

2. 住房和城乡建设部 《关于深化工程建设标准化工作改革意见的通知》

为深入推进工程建设标准化改革,2016年8月9日,住房和城乡建设部印发《深化工程建设标准化工作改革意见的通知》(建标〔2016〕166号),对工程建设标准化改革方向和任务要求提出了明确的意见。《意见》中指出按照政府制定强制性标准、社会团体制定自愿采用性标准的长远目标,到2020年,适应标准改革发展的管理制度基本建立,重要的强制性标准发布实施,政府推荐性标准得到有效精简,团体标准具有一定规模。到2025年,以强制性标准为核心、推荐性标准和团体标准相配套的标准体系初步建立,标准有效性、先进性、适用性进一步增强,标准国际影响力和贡献力进一步提升。

3. 住房和城乡建设部 《关于培育和发展工程建设团体标准的意见》

2016年11月15日,住房和城乡建设部印发《关于培育和发展工程建设团体标准的意见》。其中明确:营造良好环境,增加团体标准有效供给,完善实施机制,促进团体标准推广应用,规范编制管理,提高团体标准质量和水平,加强监督管理,严格团体标准责任追究。

4. 新《中华人民共和国标准化法》

2017年11月4日,第十二届全国人大常委会第三十次会议表决通过新《中华人民共和国标准化法》(以下简称"新《标准化法》")。2018年1月1日,新《标准化法》开始实施,为中国标准化改革确立了法律地位。在标准范围上,从工业领域扩展到农业、工业、服务业和社会事业等各个领域,能更好发挥标准化在国家治理体系和治理能力现代化建设中的作用。在标准结构上,构建了政府标准与市场标准协调配套的新型标准体系,能更好发挥市场主体活力,增加标准有效供给。进一步明确了强制性标准必须执行,不符合强制性标准的产品和服务不得生产、销售、进口、提供。同时也鼓励制定和实施高于强制性标准、推荐性标准的团体标准和企业标准。从法律地位上看,新《标准化法》是工程建设标准和标准化工作的上位法。

三、改革成就[1]

（一）研究制定全文强制性工程建设规范，构建具有中国特色的工程建设技术性法规体系，替代现行分散的强制性条文

自 2015 年标准化改革工作启动以来，根据工程建设标准化改革思路，住房和城乡建设部工程建设标准化立项工作以全文强制的国家规范研编工作为重点。2017 年工程建设标准制修订工作计划列入工程建设规范研编工作，2018 年、2019 年均下达"工程建设规范和标准编制计划"，计划中无推荐性国家标准，均为国家规范。工程建设规范是政府监管、群众监督、行业遵守的技术规则，编制时以实现完整工程项目功能为目的，突出目标、性能控制要求。

住房和城乡建设部自 2016 年开始研究编制住房和城乡建设领域 38 项工程建设规范。2019 年 2 月 15 日，住房和城乡建设部首次全国性公开征求《城乡给水工程项目规范》等 38 项住房和城乡建设领域全文强制性工程建设规范意见。结合征集到的意见建议，住房和城乡建设部组织编制组对住房和城乡建设领域全文强制性工程建设规范征求意见稿进行了修改完善，并于 2019 年 8 月 30 日再次征求意见。经过 3 年 2 次全国性的征求意见，得到了各方认可，已基本成熟，相关业务主管司局正在分批次分阶段开展 38 项规范的审查批准工作。

（二）精简政府主导制定的标准，放开市场自主制定的团体标准和企业标准，支撑工程建设规范的落地

为逐步缩减现有推荐性标准的数量和规模，培育发展团体标准，住房和城乡建设部对 2013 年及以前批准的推荐性标准进行了复审，梳理出可转化为团体标准的 352 项工程建设推荐标准，编制了《可转化成团体标准的现行工程建设推荐性标准目录（2018 年版）》（以下简称《目录 2018》），并于 2018 年 3 月 26 日正式印发（建办标函〔2018〕168 号）。具备相应条件和能力的学会、协会、商会、联合会等社会团体，在保证开放、透明、公平和不降低国家标准、行业标准水平的前提下，可组织对《目录 2018》所列标准项目，特别是标龄较长的项目进行完善提高、补充细化。国家标准、行业标准转化为团体标准，或根据行业管理需求将国家标准转化成相应行业标准后，其发布主体应将发布文件和标准文本等信息及时报送住房和城乡建设部，以便适时做好相应现行标准废止等工作。根据《目录（2018）》，中国工程建设标准化协会共组织立项了政府标准转化承接项目 31 项，发布 1 项。中国石油和化工勘察设计协会组织有关主编单位于 2018 年启动转化工作，已完成 2 项推荐性国标转化为团标的工作，还有 2 项正在研究之中。

通过走访中国土木工程学会、中国建筑学会、中国工程建设标准化协会等社团组织和

---

[1] 摘自住房和城乡建设部标准定额司副司长王玮在改革和完善工程建设标准体系工作交流座谈会上的讲话，详见参考文献"王玮. 继续深化工程建设标准化改革，奋力推进住房城乡建设事业高质量发展[J]. 工程建设标准化，2020，2：11-18"

标准化具体承担单位,并填写了调研问卷,根据反馈的情况,在国家大力发展团体标准的背景之下,相关学会协会都在积极开展团体标准化工作。2015 年之前,参与工程建设团体标准工作的社团较少,主要由中国工程建设标准化协会从事工程建设团体标准化工作,比较来看,中国工程建设标准化协会编制了大量的团体标准。但是近几年,各社团都高度重视,投入了大量精力组织开展团体标准化工作,团体标准数量增长速度异常迅猛,详见表 5-1。近 3 年新立项编制的团体标准数量超过过去近 30 年编制的团体标准数量的总和,工程建设团体标准数量呈井喷式发展。

近年来部分协/学会团体标准数量情况　　　　表 5-1

序号	协会名称	2015	2016	2017	2018	2019
1	中国土木工程学会	16	16	79	90	96
2	中国建筑学会	0	0	18	40	54
3	中国建筑业协会	0	0	31	57	78
4	中国工程建设标准化协会	422	635	1138	1663	1992
5	中国建筑金属结构协会	0	2	8	11	38
6	中国城市燃气协会	1	3	6	8	14
7	中国勘察设计协会	0	0	0	4	43
8	中国建筑节能协会	0	0	0	31	53
9	中国动物园协会	3	7	12	35	35

(三)建立编制管理有效、实施监督有力、群众参与度高的新机制,提升标准化管理能效

住房和城乡建设部高度重视工程建设标准化工作,为贯彻落实新发展理念和习近平总书记多次不同场合对标准化工作的指示论述精神,印发《改革和完善工程建设标准体系工作方案》,确定标准化改革顶层设计。该方案充分吸纳了过去多年来工程建设标准化工作的经验,针对目前工程建设标准化工作出现的刚性约束不足、交叉重复及供给不足等问题,按照"使市场在标准化资源配置中起决定性作用和更好发挥政府作用"的思路,明确了 2035 年工程建设标准化工作迈入国际先进国家行列的工作目标,提出改革标准体系、完善制度机制、强化实施监督、推进标准国际化、加强规划统筹等重要内容。

为深入推进工程建设标准化改革工作,住房和城乡建设部调整住房和城乡建设领域标准化工作领导小组,由部长亲自担任领导小组组长,副部长和部总师担任副组长,建立领导小组审议制度,对涉及标准化战略、发展规划、重要标准、重大事项进行审议,进一步提高标准编制管理的民主性、科学性和针对性。

为破解"标准与业务两张皮"这一难题,保障标准化管理有序开展,按照"管行业必须管标准,管业务必须管标准"的要求,完善《住房和城乡建设领域标准制定工作规则》,明确住房和城乡建设部标准定额司、对口业务司局、部标准定额研究所、部标准化技术委员会等工作职责及相互配合关系,完善了标准工作程序和要求,基本建立了标准化工作"统筹协调、分工负责"的工作机制,很好地解决了标准由谁来管理,由谁来编制,由谁来支撑,怎么进行维护的问题,并特别突出了相关业务司局主导标准编制的地位和作用,更好地服务住房和城乡建设部中心工作。

（四）开展工程建设标准国际化调研和试点，提高标准国际化水平

为了进一步推动中国工程建设标准化与国际接轨，促进工程建设标准国际化工作的健康发展，助力"一带一路"中国工程建设标准走出去，住房和城乡建设部组织开展中国工程建设标准"一带一路"国际化政策研究，着重加强对工程建设标准国际化试点和国际交流合作等方面的研究（该课题已列入财政部"中国经济改革促进与能力加强"支持项目）；制作了工程建设标准在"一带一路"建设中应用宣传片、宣传图册；在民用建筑工程、市政基础设施工程、城乡规划、城市轨道交通四个领域进行了标准国际化调研，梳理出"一带一路"沿线国家工程建设标准化政策、管理体制以及应用中国标准的情况。此外，不同行业研究机构针对美国、欧盟、英国、德国、法国、加拿大、澳大利亚、日本、俄罗斯等国家和地区建筑技术法规体系开展了持续性跟踪研究，为工程建设标准国际化交流提供了有力支撑。

2018年12月20日，住房和城乡建设部标准定额司公开发布《国际化工程建设规范标准体系表》（以下简称《体系表》）。《体系表》由工程建设规范、术语标准、方法类和引领性标准项目构成。工程建设规范部分为全文强制的国家工程建设规范项目；有关行业和地方工程建设规范，可在国家工程建设规范基础上补充、细化、提高。术语标准部分为推荐性国家标准项目；有关行业、地方和团体标准，可在推荐性国家标准基础上补充、完善。方法类和引领性标准部分为自愿采用的团体标准项目。现行国家标准和行业标准的推荐性内容，可转化为团体标准，或根据产业发展需要将现行国家标准转为行业标准；今后发布的推荐性国家标准以及住房和城乡建设部推荐性行业标准可适时转化。《体系表》中工程建设规范和术语标准部分的项目相对固定，内容可适时提高完善；方法类和引领性标准部分的项目，可根据产业发展和市场需求动态调整更新。

（五）地方工程建设标准化管理机构积极探索改革工作，发展态势良好，为工程建设标准化改革增光添彩

2019年各地累计发布工程建设地方标准581项，数量基本与2018年持平，但是结构上更加突出对综合管廊建设、生活垃圾分类、装配式建筑等住房和城乡建设领域重点工作提供支撑。各地积极开展工程建设标准化改革的有益探索，亮点频现。河北省颁布《房屋建筑和市政基础设施标准管理办法》并加强宣贯，提升对工程建设地方标准化工作的法制保障。上海率先成立了工程建设标准国际化促进联盟，更好发挥企业主导作用。福建开展海峡两岸绿色建筑、装配式建筑标准技术交流合作。广东积极推进粤港澳大湾区标准化协同发展，联合港澳科研机构和企业共同编制地方标准。深圳与英国标准体系对标，并在预拌混凝土、绿色建筑、公共住房等领域探索标准国际化本地实施模式。北京、天津、河北积极推进京津冀协同发展，建立协同工作机制，制定合作项目清单。新《标准化法》实施后，江苏积极探索地方工程建设标准管理新模式。云南、四川、新疆等地积极开展建筑抗震标准及实施情况调研，扎实推进建筑抗震标准体系建设。

（六）探索激发标准创新活力新举措，提升标准编制质量

为深入推进工程建设标准化改革，加强标准实施，推广标准化成果，发挥标准对促进转型升级、引领创新的支撑作用,充分调动标准化工作者的积极性和创造性,经科技部国家科学技术奖励工作办公室批准(奖励编号:0292),中国工程建设标准化协会组织开展了"标准科技创新奖"的评选工作。该奖项聚焦标准技术创新、标准质量、标准推广与应用、经济和社会效益等方面,授予在标准科技创新方面做出突出贡献标准化工作者,激发标准化工作者的积极性。2018年,第一届"标准科技创新奖"评选出一等奖10项、二等奖18项、三等奖24项。2019年,第二届"标准科技创新奖"评选出项目奖40项、组织奖10项、人才奖24名。

四、2020 年改革工作重点❶

2020年是全面建成小康社会和"十三五"规划收官之年,是实现第一个百年奋斗目标、为"十四五"良好开局打下坚实基础的关键之年。全国标准化工作者必须以习近平新时代中国特色社会主义思想为指导,坚持贯彻新发展理念,坚持以人民为中心的发展思想,继续深化工程建设标准化改革工作,重点做好以下几个方面的工作。

(一)加快建立全文强制工程建设规范体系

一是加快推进住房和城乡建设领域34项工程建设规范编制工作,发挥业务主管司局的主导作用,分批次分阶段开展审批工作。二是继续抓好国务院各部门、各行业144项工程建设规范的研编工作,按照分领域成体系、分年度逐步推进的原则,会同行业主管部门及有关单位开展138项规范的立项评估工作。三是除上述176项国家工程建设规范项目外,根据各领域、各行业发展需要,逐步完善国家工程建设规范体系,同时,各行业和地方可以因地制宜对国家工程建设规范进行补充、细化、提高。

(二)做好重要推荐性标准编制

一是研编城市信息化模型(CIM)、历史文化名城名镇名村防灾减灾标准、历史建筑数字化技术标准、完整社区规划设计建设标准等。二是研编海绵城市建设监测技术标准、城市道路清扫保洁与质量评价标准等。三是梳理分析老旧小区改造、新农村建设、工程建设项目审批系统等工作需求,启动相关标准前期研究和编制工作。

(三)推进地方标准化取得新进展

一是聚焦住宅品质提升、CIM平台建设、海绵城市建设、城镇老旧小区改造、生活垃圾分类、城乡历史文化保护、城市综合管理服务平台建设、市容市貌整治、钢结构装配式农房建设、农村人居环境改善、完整社区建设等重点工作,加强地方标准编制,不断提高标准编制质量和水平,更好发挥标准对住建领域中心工作的支撑引领作用。

二是深入学习领会工程建设标准体系改革精神,按照建立国际化的工程建设标准体系

---

❶ 摘自住房和城乡建设部标准定额司副司长王玮在改革和完善工程建设标准体系工作交流座谈会上的讲话,详见参考文献"王玮. 继续深化工程建设标准化改革,奋力推进住房城乡建设事业高质量发展[J]. 工程建设标准化,2020,2:11-18"

的总要求，系统推进地方标准化工作转型升级，继续有针对性地推进工程建设标准国际化和区域协同化。

三是不断加强工程建设标准实施监督，因地制宜推动工程建设标准法制化建设，探索建立常态化的监督检查机制，创新推动标准实施的方式方法，切实有效提升标准实施效果和刚性约束力。

（四）继续培育发展团体标准

一是按照"控增量减存量"的原则，开展现行国家标准、行业标准整合精简工作，努力将政府标准限定在政府职责范围内的公益类标准范围内，侧重于兜底线、保基本，为团体标准发展留出空间。二是按照满足市场和创新发展需要的要求，引导社会团体制定"竞争性、方法类"团体标准。与批准发布标准多、影响力大的社会团体建立联系机制，鼓励社会团体建立各自的标准体系，与国家的标准规范体系有序衔接。三是开展团体标准应用调研，研究推动团体标准在工程项目中的应用，指导标准化技术管理机构发布团体标准信息。四是探索团体标准监管机制。团体标准是一个新生事物，在蓬勃发展的同时，也逐渐暴露出一些问题，如标准质量不高、审核把关不严、内容重复矛盾等，需要不断探索团体标准监管机制，研究建立团体标准监管办法，引导团体标准良性发展。

（五）大力推动工程建设标准国际化

一是持续跟踪国外标准动态，收集国外标准，开展中外标准对比，了解国外标准的内容要素指标，保证与国外同行在同一个语境和频道上对话。二是有的放矢，依托国外工程项目，针对有需求的工程建设标准开展外文版翻译工作。三是在翻译的基础上，将好的中国工程建设标准转换成国际标准，鼓励各相关方主编或参编国际标准。四是研究推动与"一带一路"国家开展标准共享互认。

（六）进一步抓好工程建设标准管理和实施监督工作

一是住房和城乡建设部启动修订《工程建设国家标准管理办法》（建设部令 24 号）、《工程建设行业标准管理办法》（建设部令 25 号）、《实施工程建设强制性标准监督规定》（建设部令 81 号）。《工程建设国家标准管理办法》（建设部令 24 号）和《工程建设行业标准管理办法》（建设部令 25 号）自 1992 年颁布实施以来，对于规范工程建设标准管理，保障工程质量安全，促进经济社会建设和改革发展起到了重要作用。但是随着中国经济和社会的发展，尤其是与新《标准化法》的衔接上出现了一些新问题，亟须修订。《实施工程建设强制性标准监督规定》（建设部令 81 号）2000 年颁布实施，里面的内容已不能充分适应标准化改革的需要，尤其是全文强制性工程建设规范的归属问题。

二是各地方工程建设标准管理机构继续加强对标准的实施和监督。开展重要工程建设标准实施情况调查，做好标准复审，确保标准的有效性、先进性和适用性。开展绿色住宅使用者监督机制试点，鼓励群众参与标准实施监督，探索建立对违反工程建设标准的行为记入信用记录。

附　　录

附录一　2019年工程建设标准化大事记

1月18日，住房和城乡建设部印发《2019年工程建设规范和标准编制及相关工作计划》。

2月15日，住房和城乡建设部首次公开征求《城乡给水工程项目规范》等38项住房和城乡建设领域全文强制性工程建设规范意见。

2月19日，国家发改委发布了《关于培育发展现代化都市圈的指导意见》（以下简称《意见》）。《意见》明确提出，要加快建设统一开放市场，以打破地域分割和行业垄断、清除市场壁垒为重点，加快清理废除妨碍统一市场和公平竞争的各种规定和做法，营造规则统一开放、标准互认、要素自由流动的市场环境。

3月5日，第十三届全国人民代表大会第二次会议在北京人民大会堂开幕。国务院总理李克强在作政府工作报告时说，推动标准与国际先进水平对接，提升产品和服务品质，让更多国内外用户选择中国制造、中国服务。

4月2日，水利部修订印发《水利标准化工作管理办法》，全面简化标准编制流程，明确标准项目管理工作程序，进一步规范水利标准化工作管理。

4月19日，国家市场监管总局印发了《贯彻实施〈深化标准化工作改革方案〉重点任务分工（2019—2020年）》（以下简称《分工》），《分工》列出的重点任务主要有建立协同、权威的强制性国家标准管理体制，形成协调配套、简化高效的推荐性标准管理体制，引导规范团体标准健康发展，充分释放企业产品和服务标准自我声明公开效应，提高标准国际化水平等。

4月26日，水利部、国家标准化管理委员会与联合国工业发展组织签署合作谅解备忘录，协同推动小水电国际标准开展合作达成一致意见。

6月13日，国家发展和改革委员会、工业和信息化部、住房和城乡建设部等7部门联合发布《绿色高效制冷行动方案》（以下简称《方案》）。《方案》从强化标准引领、促进绿色高效产品供给和消费、推进节能改造、完善政策保障、强化监督管理等方面提出了任务要求。其中，在强化标准引领方面，《方案》提出，要制修订公共建筑、工业厂房、数据中心、冷链物流、冷热电联供等制冷产品和系统的绿色设计、制造质量、系统优化、经济运行、测试监测、绩效评估等方面配套的国家标准或行业标准。

6月24日，水利部批复《水利水电工程技术标准规程规范前期工作项目任务书》，规划2019～2020年完成43项水利技术标准的制定和修订工作。

8月30日，住房和城乡建设部再次征求《城乡给水工程项目规范》等38项住房和城乡建设领域全文强制性工程建设规范意见。

9月11日，国务院新闻办公室就中国标准化改革发展成效有关情况举行新闻发布会。中国标准化工作实现了3个历史性的转变：一是实现了标准由政府一元供给向政府与市场二元供给的历史性转变；二是实现了标准化由工业领域向一二三产业和社会事业全面拓展的历史性转变；三是实现国际标准由单一采用向采用与制定并重的历史型转变。今后将重点做好3个方面的工作：一是抓紧制定实施中国的标准化战略，二是加快形成推动高质量发展的标准体系，三是构建高水平对外开放的标准化机制。

9月12日，住房和城乡建设部再次公开征求《城乡给水工程项目规范》等住房和城乡建设领域全文强制性工程建设规范意见。

9月15日，国务院同意并转发了住房和城乡建设部《关于完善质量保障体系提升建筑工程品质指导意见》，从总体要求、强化各方责任、完善管理体制、健全支撑体系、加强监督管理、抓好组织实施6个方面提出了提升建筑工程品质的指导意见。

10月14日，世界标准日，主题"视频标准创造全球舞台"，体现了视频压缩算法等国际标准对视频技术进步起到的重要作用。

10月24日，2019中国工程建设标准化学术年会暨协会成立40周年纪念活动在杭州组织召开。会议围绕"标准科技创新，建设质量强国"主题，针对如何以建设推动高质量发展标准体系为中心，持续深化标准化工作改革，着力提升标准化水平，促进工程建设质量提升等相关问题，展开深入探讨、积极建言献策。

10月24日，第二届标准科技创新奖揭晓：《民用建筑热工设计规范》等40个标准项目获得"标准科技创新奖"项目奖；中国建筑科学研究院有限公司等10个单位获得组织奖；5人获得标准大师荣誉称号，11人获领军人才荣誉称号，8人获青年人才荣誉称号。

11月15日，住房和城乡建设部召开《生活垃圾分类标志》标准发布新闻通气会，介绍标准修订情况，并通报全国城市生活垃圾分类工作进展，同时对新研发的"全国垃圾分类"小程序的开发及使用等情况进行了介绍。由住房和城乡建设部联合中国政府网共同推出的"全国垃圾分类"小程序，依托"国务院客户端"小程序平台发布并运行。小程序覆盖全国46个垃圾分类重点城市，市民可通过小程序查询生活垃圾分类，并直观看到各城市当前分类标志情况和新标准标志调整情况，对生活垃圾分类标志调整期间的衔接和新标准的宣传贯彻将起到积极作用。

11月20日，水利部编制印发《水利标准化工作三年行动计划（2020—2022年)》，明确标准化工作总体要求、行动目标、主要任务和保障措施，为扎实做好今后3年的标准化工作提供行动指南。

12月23日，全国住房和城乡建设工作会议在京召开，全面总结了2019年住房和城乡建设工作，分析面临的形势和问题，提出2020年工作总体要求，对重点工作任务作出部署。会议强调，2020年，要重点抓好9个方面工作：一是着力稳地价稳房价稳预期，保持房地产市场平稳健康发展；二是着力完善城镇住房保障体系，加大城市困难群众住房保障工作力度；三是着力培育和发展租赁住房，促进解决新市民等群体的住房问题；四是着力提升城市品质和人居环境质量，建设"美丽城市"；五是着力改善农村住房条件和居住环境，建设"美丽乡村"；六是着力推进建筑业供给侧结构性改革，促进建筑产业转型升级；七是着力深化工程建设项目审批制度改革，持续优化营商环境；八是着力开展美好环境与幸福生活共同缔造活动，推进"完整社区"建设；九是着力加强党的建设，为住房和城乡建设事业高质量发展提供坚强政治保障。

附　录

附录二　2019年住房和城乡建设部批准发布的工程建设国家标准

序号	标准编号	标准中文名称	制定或修订	被代替标准编号	发布日期	实施日期	主编单位
1	GB 50015-2019	建筑给水排水设计标准	修订	GB 50015-2003	2019-6-19	2020-3-1	华东建筑集团股份有限公司
2	GB/T 50081-2019	混凝土物理力学性能试验方法标准	修订	GB/T 50081-2002	2019-6-19	2019-12-1	中国建筑科学研究院有限公司
3	GB/T 50113-2019	滑动模板工程技术标准	修订	GB 50113-2005	2019-5-24	2019-12-1	中国建筑研究总院有限公司 云南建工第四建设有限公司
4	GB/T 50115-2019	工业电视系统工程设计标准	修订	GB 50115-2009	2019-8-12	2019-12-1	中冶京诚工程技术有限公司
5	GB/T 50123-2019	土工试验方法标准	修订	GB/T 50123-1999	2019-5-24	2019-10-1	水利部水利水电规划设计总院 南京水利科学研究院
6	GB 50135-2019	高耸结构设计标准	修订	GB 50135-2006	2019-5-24	2019-12-1	同济大学
7	GB 50144-2019	工业建筑可靠性鉴定标准	修订	GB 50144-2008	2019-6-19	2019-12-1	中冶建筑研究总院有限公司 福建华航建设集团有限公司
8	GB 50166-2019	火灾自动报警系统施工及验收标准	修订	GB 50166-2007	2019-11-22	2020-3-1	应急管理部沈阳消防研究所
9	GB/T 50185-2019	工业设备及管道绝热工程施工质量验收标准	修订	GB 50185-2010	2019-11-22	2020-3-1	中国石油和化工勘察设计协会 浙江振申绝热科技股份有限公司
10	GB 50216-2019	铁路工程结构可靠性设计统一标准	修订	GB 50216-94	2019-11-22	2020-6-1	中国铁道科学研究院集团有限公司
11	GB 50229-2019	火力发电厂与变电站设计防火标准	修订	GB 50229-2006	2019-2-13	2020-6-1	东北电力设计院有限公司
12	GB 50267-2019	核电厂抗震设计标准	修订	GB 50267-97	2019-11-22	2020-6-1	中国地震局工程力学研究所

续表

序号	标准编号	标准中文名称	制定或修订	被代替标准编号	发布日期	实施日期	主编单位
13	GB/T 50328-2014（2019年版）	建设工程文件归档规范	局部修订		2019-11-29	2020-3-1	住房和城乡建设部科技与产业化发展中心
14	GB/T 50344-2019	建筑结构检测技术标准	修订	GB/T 50344-2004	2019-11-22	2020-6-1	中国建筑科学研究院有限公司
15	GB 50352-2019	民用建筑设计统一标准	修订	GB/T 50352-2005	2019-3-13	2019-10-1	中国建筑标准设计研究院有限公司
16	GB 50365-2019	空调通风系统运行管理标准	修订	GB 50365-2005	2019-5-24	2020-6-1	中国建筑科学研究院 中国疾病预防控制中心
17	GB 50373-2019	通信管道与通道工程设计标准	修订	GB 50373-2006	2019-9-25	2020-1-1	中讯邮电咨询设计院有限公司
18	GB/T 50377-2019	矿山机电设备工程安装及验收标准	修订	GB 50377-2006、GB/T 51075-2015	2019-11-22	2020-3-1	中国三冶集团有限公司
19	GB/T 50378-2019	绿色建筑评价标准	修订	GB/T 50378-2014	2019-3-13	2019-8-1	中国建筑科学研究院有限公司 上海市建筑科学研究院（集团）有限公司
20	GB/T 50402-2019	烧结机械设备工程安装验收标准	修订	GB 50402-2007	2019-11-22	2020-3-1	上海二十冶建设有限公司 中冶天工集团有限公司
21	GB 50411-2019	建筑节能工程施工质量验收标准	修订	GB 50411-2007	2019-5-24	2019-12-1	中国建筑科学研究院
22	GB/T 50425-2019	纺织工业环境保护设施设计标准	修订	GB 50425-2008	2019-5-24	2019-10-1	中国纺织工业联合会 上海纺织建筑设计研究院
23	GB/T 50445-2019	村庄整治技术标准	修订	GB 50445-2008	2019-8-27	2020-1-1	中国建筑设计院有限公司
24	GB/T 50457-2019	医药工业洁净厂房设计标准	修订	GB 50457-2008	2019-8-12	2019-12-1	中石化上海工程有限公司
25	GB 50463-2019	工程隔振设计标准	修订	GB 50463-2008	2019-11-22	2020-6-1	中国机械工业集团有限公司 中国中元国际工程有限公司
26	GB/T 50476-2019	混凝土结构耐久性设计标准	修订	GB/T 50476-2008	2019-6-19	2019-12-1	清华大学

续表

序号	标准编号	标准中文名称	制定或修订	被代替标准编号	发布日期	实施日期	主编单位
27	GB/T 50481-2019	棉纺织工厂设计标准	修订	GB 50481-2019	2019-9-25	2020-1-1	中国纺织工业联合会 河南省纺织建筑设计院有限公司
28	GB/T 50483-2019	化工建设项目环境保护工程设计标准	修订	GB 50483-2009	2019-11-22	2020-3-1	中国石油和化工勘察设计协会 中国天辰工程有限公司
29	GB/T 50484-2019	石油化工建设工程施工安全技术标准	修订	GB 50484-2008	2019-7-10	2019-12-1	中石化第五建设有限公司
30	GB/T 50493-2019	石油化工可燃气体和有毒气体检测报警设计标准	修订	GB 50493-2009	2019-9-25	2020-1-1	中石化广州工程有限公司
31	GB 50495-2019	太阳能供热采暖工程技术标准	修订	GB 50495-2009	2019-5-24	2019-12-1	中国建筑科学研究院有限公司
32	GB/T 50497-2019	建筑基坑工程监测技术标准	修订	GB 50497-2009	2019-11-22	2020-6-1	济南大学 荣华建设集团有限公司
33	GB/T 50507-2019	铁路罐车清洗设施设计标准	修订	GB 50507-2010	2019-9-25	2020-4-1	中石化广州工程有限公司
34	GB/T 50508-2019	涤纶工厂设计标准	修订	GB 50508-2010	2019-7-10	2019-12-1	中国纺织工业联合会 中国昆仑工程有限公司
35	GB/T 50522-2019	核电厂建设工程监理标准	修订	GB/T 50522-2009	2019-11-22	2020-3-1	中核工程咨询有限公司 中核四达建设监理有限公司
36	GB/T 50527-2019	平板玻璃工厂节能设计标准	修订	GB 50527-2009	2019-2-13	2019-10-1	中国新型建材设计研究院
37	GB/T 50541-2019	钢铁企业原料场工程设计标准	修订	GB 50541-2009	2019-9-25	2020-4-1	中冶赛迪集团有限公司 中冶赛迪工程技术股份有限公司
38	GB/T 50543-2019	建筑卫生陶瓷工厂节能设计标准	修订	GB 50543-2009	2019-2-13	2019-10-1	中国建筑材料工业规划研究院 中国建筑材料集团公司咸阳陶瓷研究设计院

续表

序号	标准编号	标准中文名称	制定或修订	被代替标准编号	发布日期	实施日期	主编单位
39	GB/T 50558-2019	水泥工厂环境保护设施设计标准	修订	GB 50558-2010	2019-2-13	2019-10-1	天津水泥工业设计研究院有限公司
40	GB/T 50561-2019	建材工业设备安装工程施工及验收标准	修订	GB/T 50561-2010	2019-11-22	2020-4-1	中国建材国际工程集团有限公司 中国建材工程建设协会
41	GB/T 50562-2019	煤炭矿井工程基本术语标准	修订	GB/T 50562-2010	2019-2-13	2019-10-1	中国矿业大学 煤矿瓦斯治理国家工程研究中心
42	GB/T 50568-2019	油气田及管道岩土工程勘察标准	修订	GB 50568-2010	2019-8-12	2019-12-1	中国石油天然气管道工程有限公司
43	GB/T 50585-2019	岩土工程勘察安全标准	修订	GB 50585-2010	2019-2-13	2019-8-1	福建省建筑设计研究院有限公司 福建省儿龙建设集团有限公司
44	GB/T 50597-2019	纺织工程常用术语、计量单位及符号标准	修订	GB/T 50597-2010	2019-5-24	2019-10-1	中国纺织工业联合会 四川省纺织工业设计院
45	GB/T 50632-2019	钢铁企业节能设计标准	修订	GB 50632-2010	2019-7-10	2019-12-1	中冶京诚工程技术有限公司
46	GB/T 50639-2019	锦纶工厂设计标准	修订	GB 50639-2010	2019-7-10	2019-12-1	中国纺织工业联合会 中国昆仑工程有限公司
47	GB 50688-2011（2019年版）	城市道路交通设施设计规范	局部修订		2019-8-20	2019-9-1	上海市政工程设计研究总院（集团）有限公司
48	GB/T 50731-2019	建材工程木结构标准	修订	GB/T 50731-2011	2019-6-5	2019-12-1	中国建筑材料工业规划研究院 厦门鹭恒达建筑工程有限公司
49	GB 50790-2013（2019年版）	±800kV直流架空输电线路设计规范	局部修订		2019-11-29	2019-12	中国电力企业联合会 电力规划设计总院（电力规划总院）有限公司 国家电网有限公司
50	GB 51261-2019	天然气液化工厂设计标准	制定		2019-6-19	2019-12-1	陕西省燃气设计院 中石化中原石油工程设计有限公司

续表

序号	标准编号	标准中文名称	制定或修订	被代替标准编号	发布日期	实施日期	主编单位
51	GB/T 51308-2019	海上风力发电场设计标准	制定		2019-2-13	2019-10-1	中国能源建设集团广东省电力设计研究院有限公司
52	GB/T 51317-2019	石油天然气工程施工质量验收统一标准	制定		2019-5-24	2019-10-1	中国电力建设集团河北省电力勘测设计研究院有限公司 中国石油集团工程技术研究有限公司（中国石油集团工程技术研究院）石油天然气长庆工程质量监督站
53	GB/T 51318-2019	沉管法隧道设计标准	制定		2019-5-24	2019-12-1	天津滨海新区建设投资集团有限公司 中铁第六勘察设计院集团有限公司
54	GB 51324-2019	灾区过渡安置点防火标准	制定		2019-1-24	2019-9-1	四川省公安消防总队
55	GB/T 51330-2019	传统建筑工程技术标准	制定		2019-4-9	2019-8-1	山西一建集团有限公司 安徽建筑大学
56	GB/T 51344-2019	加油站在役油罐防渗漏改造工程技术标准	制定		2019-2-13	2019-10-1	中国石油化工股份有限公司青岛安全工程研究院
57	GB/T 51346-2019	城市绿地规划标准	制定	CJJ/T 163-2011	2019-4-9	2019-12-1	中国城市规划设计研究院
58	GB/T 51347-2019	农村生活污水处理工程技术标准	制定		2019-4-9	2019-12-1	中国科学与生态环境研究中心（住房和城乡建设部农村污水处理技术北方研究中心）
59	GB/T 51348-2019	民用建筑电气设计标准	制定	JGJ 16-2008	2019-11-22	2020-8-1	中国建筑东北设计研究院有限公司
60	GB/T 51349-2019	林产加工工业职业安全卫生设计标准	制定		2019-1-24	2020-6-1	国家林业和草原局林产工业规划设计院

续表

序号	标准编号	标准中文名称	制定或修订	被代替标准编号	发布日期	实施日期	主编单位
61	GB/T 51350-2019	近零能耗建筑技术标准	制定		2019-1-24	2020-6-1	中国建筑科学研究院有限公司 河北省建筑科学研究院
62	GB/T 51351-2019	建筑边坡工程施工质量验收标准	制定		2019-1-24	2019-9-1	重庆建筑科学研究院 中国建筑西南勘察设计研究院有限公司
63	GB 51352-2019	纤维增强塑料排烟筒工程技术标准	制定		2019-11-22	2020-6-1	华东理工大学 中国电力工程顾问集团华东电力设计院有限公司
64	GB/T 51353-2019	住房公积金提取业务标准	制定		2019-2-13	2019-8-1	成都住房公积金管理中心
65	GB 51354-2019	城市地下综合管廊运行维护及安全技术标准	制定		2019-2-13	2019-8-1	中冶京诚工程技术有限公司
66	GB/T 51355-2019	既有混凝土结构耐久性评定标准	制定		2019-2-13	2019-8-1	西安建筑科技大学 中交四航工程研究院有限公司
67	GB/T 51356-2019	绿色校园评价标准	制定		2019-3-13	2019-10-1	中国城市科学研究会
68	GB/T 51357-2019	城市轨道交通通风空气调节与供暖设计标准	制定		2019-3-13	2019-8-1	北京城建设计发展集团股份有限公司 广州地铁设计研究院股份有限公司
69	GB/T 51358-2019	城市地下空间规划标准	制定		2019-3-13	2019-10-1	深圳市规划国土发展研究中心
70	GB/T 51359-2019	石油化工厂际管道工程技术标准	制定		2019-9-25	2020-4-1	中石化广州工程有限公司
71	GB/T 51360-2019	金属露天矿工程施工及验收标准	制定		2019-9-25	2020-4-1	中国华冶科工集团有限公司 中国三冶集团有限公司
72	GB/T 51362-2019	制造工业工程设计信息模型应用标准	制定		2019-5-24	2019-10-1	机械工业第六设计研究院有限公司

续表

序号	标准编号	标准中文名称	制定或修订	被代替标准编号	发布日期	实施日期	主编单位
73	GB 51363-2019	干熄焦工程设计标准	制定		2019-5-24	2019-10-1	中冶焦耐工程技术有限公司
74	GB 51364-2019	船舶工业工程项目环境保护设施设计标准	制定		2019-5-24	2019-10-1	中船第九设计研究院工程有限公司
75	GB/T 51365-2019	网络工程验收标准	制定		2019-5-24	2019-10-1	中国移动通信集团设计院有限公司
76	GB/T 51366-2019	建筑碳排放计算标准	制定		2019-4-9	2019-12-1	中国建筑科学研究院有限公司 中国建筑标准设计研究院有限公司
77	GB 51367-2019	钢结构加固设计标准	制定		2019-11-22	2020-6-1	四川省建筑科学研究院 清华大学
78	GB/T 51368-2019	建筑光伏系统应用技术标准	制定	JGJ203-2010	2019-6-19	2019-12-1	中国电力企业联合会 中国建筑设计院有限公司
79	GB/T 51369-2019	通信设备安装工程抗震设计标准	制定		2019-6-5	2019-11-1	中国移动通信集团设计院有限公司
80	GB 51370-2019	薄膜太阳能电池工厂设计标准	制定		2019-6-5	2019-11-1	工业和信息化部电子工程标准定额站 中国电子工程设计院有限公司 世源科技工程有限公司
81	GB/T 51371-2019	废弃电线电缆光缆处理工程设计标准	制定		2019-5-24	2019-10-1	工业和信息化部电子工业标准化研究院 中国电子工程设计院有限公司
82	GB/T 51372-2019	小型水电站水能设计标准	制定		2019-5-24	2019-10-1	水利部农村电气化研究所
83	GB/T 51373-2019	兵器工业环境保护工程设计标准	制定		2019-5-24	2019-10-1	中国兵器工业标准化研究所 中国五洲工程设计集团有限公司
84	GB/T 51374-2019	火炸药环境电气安装工程施工及验收标准	制定		2019-6-5	2019-10-1	中国兵器工业标准化研究所

续表

序号	标准编号	标准中文名称	制定或修订	被代替标准编号	发布日期	实施日期	主编单位
85	GB/T 51375-2019	网络工程设计标准	制定		2019-6-5	2019-10-1	中国移动通信集团设计院有限公司
86	GB/T 51376-2019	钴冶炼厂工艺设计标准	制定		2019-6-5	2019-11-1	中国有色工程有限公司 中国恩菲工程技术有限公司
87	GB/T 51377-2019	锂离子电池工厂设计标准	制定		2019-6-5	2019-11-1	工业和信息化部电子工业标准化研究院 中国电子工程设计院有限公司
88	GB/T 51378-2019	通信高压直流电源系统工程验收标准	制定		2019-6-5	2019-11-1	广东省电信规划设计院有限公司
89	GB/T 51379-2019	岩棉工厂设计标准	制定		2019-8-12	2019-12-1	中材科技股份有限公司 中国建筑材料工业规划研究院
90	GB/T 51380-2019	宽带光纤接入工程技术标准	制定		2019-8-12	2019-12-1	广东省电信规划设计院有限公司
91	GB/T 51381-2019	柔性直流输电换流站设计标准	制定		2019-8-12	2019-12-1	中国电力企业联合会 国家电网有限公司
92	GB/T 51382-2019	锂冶炼厂工艺设计标准	制定		2019-8-12	2019-12-1	中国恩菲工程技术有限公司 新疆有色冶金设计研究院有限公司
93	GB/T 51383-2019	钢铁企业冷轧厂废液处理及利用设施工程技术标准	制定		2019-7-10	2019-12-1	中冶南方工程技术有限公司
94	GB/T 51384-2019	石油化工大型设备吊装现场地基处理技术标准	制定		2019-7-10	2019-12-1	中石化重型起重运输工程有限责任公司 中石化宁波工程有限公司

续表

序号	标准编号	标准中文名称	制定或修订	被代替标准编号	发布日期	实施日期	主编单位
95	GB/T 51385-2019	微波集成组件生产工厂工艺设计标准	制定		2019-7-10	2019-12-1	工业和信息化部电子工业标准化研究院 中国电子科技集团公司第二十九研究所
96	GB/T 51386-2019	冶金石灰焙烧工程设计标准	制定		2019-7-10	2019-12-1	中冶焦耐（大连）工程技术有限公司 中冶焦耐工程技术有限公司
97	GB/T 51387-2019	钢铁渣处理与综合利用技术标准	制定		2019-7-10	2019-12-1	中冶建筑研究总院有限公司
98	GB/T 51390-2019	核电厂混凝土结构技术标准	制定		2019-9-25	2020-1-1	中广核工程有限公司 中国核工业华兴建设有限公司
99	GB/T 51391-2019	通信工程建设环境保护技术标准	制定		2019-9-25	2020-1-1	中讯邮电咨询设计院有限公司
100	GB 51392-2019	发光二极管生产工艺设备安装工程施工及质量验收标准	制定		2019-9-25	2020-4-1	工业和信息化部电子工业标准化研究院 中国电子系统工程第四建设有限公司
101	GB/T 51395-2019	海上风力发电场勘测标准	制定		2019-9-25	2020-4-1	中国电建集团华东勘测设计研究院有限公司 中国能源建设集团广东省电力设计研究院有限公司
102	GB/T 51396-2019	槽式太阳能光热发电站设计标准	制定		2019-11-22	2020-6-1	中国电力企业联合会 中国大唐集团新能源股份有限公司

续表

序号	标准编号	标准中文名称	制定或修订	被代替标准编号	发布日期	实施日期	主编单位
103	GB/T 51397-2019	柔性直流输电成套设计标准	制定		2019-9-25	2020-1-1	中国电力企业联合会 国家电网有限公司
104	GB/T 51398-2019	光传送网（OTN）工程技术标准	制定		2019-11-22	2020-3-1	中讯邮电咨询设计院有限公司 华信咨询设计研究院有限公司
105	GB/T 51399-2019	云计算基础设施工程技术标准	制定		2019-11-22	2020-6-1	上海邮电设计咨询研究院有限公司 中国移动通信集团设计院有限公司
106	GB 51401-2019	电子工业废气处理工程设计标准	制定		2019-11-22	2020-4-1	工业和信息化部电子工业标准化研究院 中国电子工程设计院有限公司
107	GB/T 51404-2019	有色金属堆浸出液收集系统技术标准	制定		2019-11-22	2020-8-1	中国有色工程有限公司 中国瑞林工程技术有限公司
108	GB/T 51405-2019	船厂总体设计标准	制定		2019-11-22	2020-8-1	中船第九设计研究院工程有限公司
109	GB 51406-2019	火炸药工厂节能设计标准	制定		2019-11-22	2020-8-1	中国五洲工程设计集团有限公司
110	GB/T 51407-2019	医药工程设计能耗标准	制定		2019-11-22	2020-6-1	中石化上海工程有限公司

附录三 2019年发布的工程建设行业标准

序号	标准编号	标准名称	类型	发布日期	实施日期	批准部门	备案号	主编单位
1	CJJ/T 137-2019	生活垃圾焚烧厂评价标准	修订	2019-2-1	2019-10-1	住房和城乡建设部	J 1002-2019	中国城市建设研究院有限公司
2	CJJ/T 296-2019	工程建设项目业务协同平台技术标准	制定	2019-3-20	2019-9-1	住房和城乡建设部	J 2678-2019	住房和城乡建设部城乡规划管理中心
3	CJJ/T 294-2019	居住绿地设计标准	制定	2019-3-29	2019-11-1	住房和城乡建设部	J 2681-2019	上海市园林设计研究总院有限公司
4	CJJ/T 134-2019	建筑垃圾处理技术标准	修订	2019-3-29	2019-11-1	住房和城乡建设部	J 2681-2019	上海市环境工程设计科学研究院有限公司
5	CJJ/T 293-2019	城市轨道交通预应力混凝土节段预制桥梁技术标准	制定	2019-3-29	2019-11-1	住房和城乡建设部	J 960-2019	广州地铁设计研究院股份有限公司
6	CJJ/T 290-2019	城市轨道交通桥梁工程施工及验收规范	制定	2019-3-29	2019-11-1	住房和城乡建设部	J 2682-2019	中铁十一局集团有限公司
7	CJJ/T 273-2019	橡胶沥青路面技术规程	制定	2019-4-19	2019-11-1	住房和城乡建设部	J 2685-2019	广州市政集团有限公司
8	CJJ/T 107-2019	生活垃圾填埋场无害化评价标准	修订	2019-4-19	2019-11-1	住房和城乡建设部	J 477-2019	中国城市建设研究院有限公司
9	CJJ/T 291-2019	地源热泵系统工程勘察标准	制定	2019-4-19	2019-11-1	住房和城乡建设部	J 2687-2019	建设综合勘察研究设计院有限公司
10	CJJ/T 73-2019	卫星定位城市测量技术标准	修订	2019-4-19	2019-11-1	住房和城乡建设部	J 990-2019	北京市测绘设计研究院
11	CJJ/T 304-2019	城镇绿道工程技术标准	制定	2019-11-8	2020-6-1	住房和城乡建设部	J 2751-2019	中国城市建设研究院总院有限公司
12	CJJ/T 300-2019	植物园设计标准	制定	2019-11-8	2020-6-1	住房和城乡建设部	J 2752-2019	上海市园林设计研究总院有限公司、杭州园林设计院股份有限公司

续表

序号	标准编号	标准名称	类型	发布日期	实施日期	批准部门	备案号	主编单位
13	CJJ/T 295-2019	城市有轨电车工程设计标准	制定	2019-11-15	2020-6-1	住房和城乡建设部	J 2754-2019	中铁二院工程集团有限责任公司
14	CJJ/T 307-2019	城市照明建设规划标准	制定	2019-5-13	2020-6-1	住房和城乡建设部	J 2756-2019	北京清华同衡规划设计研究院有限公司、中国城市规划设计研究院
15	CJJ/T 302-2019	城市园林绿化监督管理信息系统工程技术标准	制定	2019-11-29	2020-3-1	住房和城乡建设部	J 2768-2019	住房和城乡建设部城乡规划管理中心
16	CJJ/T 298-2019	地铁快线设计标准	制定	2019-11-29	2020-3-1	住房和城乡建设部	J 2773-2019	中铁二院工程集团有限责任公司
17	CJJ/T 282-2019	城市供水应急和备用水源工程技术标准	制定	2019-11-29	2020-6-1	住房和城乡建设部	J 2774-2019	北京市市政工程设计研究总院有限公司
18	JGJ 459-2019	整体爬升钢平台模架技术标准	制定	2019-2-1	2019-6-1	住房和城乡建设部	J 2657-2019	上海建工集团股份有限公司
19	JGJ/T 464-2019	建筑门窗安装工职业技能标准	制定	2019-2-1	2019-10-1	住房和城乡建设部	J 2658-2019	住房和城乡建设部人力资源开发中心、中国建筑金属结构协会
20	JGJ/T 463-2019	古建筑工职业技能标准	制定	2019-2-1	2019-10-1	住房和城乡建设部	J 2659-2019	住房和城乡建设部人力资源开发中心
21	JGJ/T 474-2019	住房公积金资金管理业务标准	制定	2019-2-1	2019-10-1	住房和城乡建设部	J 2660-2019	上海市公积金管理中心
22	JGJ 475-2019	温和地区居住建筑节能设计标准	制定	2019-2-1	2019-10-1	住房和城乡建设部	J 2661-2019	云南省建设投资控股集团有限公司、云南工程建设总承包股份有限公司
23	JGJ/T 69-2019	地基旁压试验技术标准	制定	2019-3-27	2019-6-1	住房和城乡建设部	J 2674-2019	常州市中元建设工程勘察有限公司

续表

序号	标准编号	标准名称	类型	发布日期	实施日期	批准部门	备案号	主编单位
24	JGJ/T 40-2019	养老院建筑设计标准	修订	2019-3-27	2019-6-1	住房和城乡建设部	J 2675-2019	北京建工建筑设计研究院
25	JGJ/T 453-2019	金属面夹芯板应用技术规程	制定	2019-3-27	2019-6-1	住房和城乡建设部	J 2676-2019	中国建筑金属结构协会
26	JGJ/T 454-2019	智能建筑工程质量检测标准	制定	2019-3-27	2019-6-1	住房和城乡建设部	J 2677-2019	中国建筑业协会智能建筑分会
27	JGJ/T 480-2019	岩棉薄抹灰外墙外保温工程技术标准	制定	2019-3-29	2019-11-1	住房和城乡建设部	J 2679-2019	中国建筑标准设计研究院有限公司
28	JGJ/T 413-2019	玻璃幕墙粘接可靠性检测评估技术标准	修订	2019-3-27	2019-6-1	住房和城乡建设部	J 2680-2019	中国建筑科学研究院有限公司
29	JGJ 144-2019	外墙外保温工程技术标准	修订	2019-3-27	2019-6-1	住房和城乡建设部	J 408-2019	住房城乡建设部科技与产业化发展中心
30	JGJ/T 187-2019	塔式起重机混凝土基础工程技术标准	修订	2019-4-19	2019-11-1	住房和城乡建设部	J 953-2019	中和华丰建设有限责任公司
31	JGJ/T 462-2019	模板工职业技能标准	制定	2019-4-19	2019-8-1	住房和城乡建设部	J 2683-2019	住房城乡建设部人力资源开发中心、中国建筑业协会
32	JGJ/T 442-2019	开合屋盖结构技术标准	制定	2019-4-19	2019-11-1	住房和城乡建设部	J 2684-2019	中国建筑设计院有限公司
33	JGJ/T 479-2019	低温辐射自限温电热片供暖系统应用技术标准	制定	2019-5-17	2019-12-1	住房和城乡建设部	J 2690-2019	江西省城建建设集团有限公司
34	JGJ/T 253-2019	无机轻集料砂浆保温系统技术标准	修订	2019-5-17	2019-10-1	住房和城乡建设部	J 1329-2019	宁波荣山新型材料有限公司
35	JGJ/T 461-2019	公共建筑室内空气质量控制设计标准	制定	2019-5-17	2019-10-1	住房和城乡建设部	J 2691-2019	上海市建筑科学研究院(集团)有限公司
36	JGJ/T 466-2019	轻型模块化钢结构组合房屋技术标准	制定	2019-5-17	2019-12-1	住房和城乡建设部	J 2692-2019	中冶建筑研究总院有限公司

续表

序号	标准编号	标准名称	类型	发布日期	实施日期	批准部门	备案号	主编单位
37	JGJ/T 469-2019	装配式钢结构住宅建筑技术标准	制定	2019-6-18	2019-10-1	住房和城乡建设部	J 2693-2019	中国建筑金属结构协会、中国建筑标准设计研究院有限公司
38	JGJ/T 152-2019	混凝土中钢筋检测技术标准	修订	2019-6-18	2020-2-1	住房和城乡建设部	J 794-2019	中国建筑科学研究院
39	JGJ/T 465-2019	钢纤维混凝土结构设计标准	制定	2019-6-18	2020-2-1	住房和城乡建设部	J 2699-2019	郑州大学
40	JGJ/T 140-2019	预应力混凝土结构抗震设计标准	修订	2019-6-18	2020-2-1	住房和城乡建设部	J 301-2019	中国建筑科学研究院有限公司
41	JGJ/T 457-2019	钢骨架轻型预制板应用技术标准	制定	2019-6-18	2020-2-1	住房和城乡建设部	J 2700-2019	中国建筑科学研究院
42	JGJ/T 471-2019	钢管约束混凝土结构技术标准	制定	2019-6-18	2020-2-1	住房和城乡建设部	J 2701-2019	重庆大学
43	JGJ/T 468-2019	再生混合混凝土组合结构技术标准	制定	2019-6-18	2020-2-1	住房和城乡建设部	J 2703-2019	华南理工大学
44	JGJ/T 128-2019	建筑施工门式钢管脚手架安全技术标准	修订	2019-7-30	2020-2-1	住房和城乡建设部	J 43-2019	浙江宝业建设集团有限公司
45	JGJ/T 473-2019	建筑金属围护系统工程技术标准	制定	2019-7-30	2020-3-1	住房和城乡建设部	J 2744-2019	中国建筑防水协会
46	JGJ 476-2019	建筑工程抗浮技术标准	制定	2019-7-30	2020-3-1	住房和城乡建设部	J 2745-2019	中国建筑西南勘察设计研究院有限公司
47	JGJ76-2019	特殊教育学校建筑设计标准	修订	2019-7-30	2020-3-1	住房和城乡建设部	J 282-2019	西安建筑科技大学
48	JGJ 91-2019	科研建筑设计标准	修订	2019-7-30	2020-1-1	住房和城乡建设部	J 2746-2019	中科院建筑设计研究院有限公司
49	JGJ/T 12-2019	轻骨料混凝土应用技术标准	修订	2019-7-30	2020-1-1	住房和城乡建设部	J 2747-2019	中国建筑科学研究院

附　录

续表

序号	标准编号	标准名称	类型	发布日期	实施日期	批准部门	备案号	主编单位
50	JGJ/T 441-2019	建筑楼盖结构振动舒适度技术标准	制定	2019-7-30	2020-1-1	住房和城乡建设部	J 2748-2019	中国电子工程设计院有限公司
51	JGJ/T 484-2019	养老服务智能化系统技术标准	制定	2019-11-9	2020-3-1	住房和城乡建设部	J 2753-2019	中国电子工程设计院有限公司
52	JGJ/T 117-2019	民用建筑修缮工程勘查与设计标准	制定	2019-11-15	2020-6-1	住房和城乡建设部	J 2755-2019	上海市房地产科学研究院、成都建工第四建筑工程有限公司
53	JGJ/T 456-2019	雷达法检测混凝土结构技术标准	制定	2019-11-15	2020-3-1	住房和城乡建设部	J 2757-2019	南京工业大学、江苏大汉建设实业集团有限公司
54	JGJ/T 485-2019	装配式住宅建筑检测技术标准	制定	2019-11-15	2020-6-1	住房和城乡建设部	J 2758-2019	浙江省建筑设计研究院、浙江新盛建设集团有限公司
55	JGJ/T 112-2019	民用建筑修缮工程施工标准	制定	2019-11-29	2020-3-1	住房和城乡建设部	J 2769-2019	上海市房地产科学研究院、成龙建设集团有限公司
56	JGJ/T 478-2019	建筑用木塑复合板应用技术标准	制定	2019-11-29	2020-6-1	住房和城乡建设部	J 2770-2019	中国建筑标准设计研究院有限公司、浙江舜杰建筑集团股份有限公司
57	JGJ/T 481-2019	屋盖结构风荷载标准	制定	2019-11-29	2020-6-1	住房和城乡建设部	J 2771-2019	北京交通大学
58	JGJ/T 470-2019	建筑防护栏杆技术标准	制定	2019-11-29	2020-6-1	住房和城乡建设部	J 2772-2019	广东省建筑科学研究院集团股份有限公司、广东坚朗五金制品股份有限公司
59	DL 5190.2-2019	电力建设施工技术规范 第2部分：锅炉机组	修订	2019-6-4	2019-10-1	国家能源局		中国电力建设企业协会
60	DL 5190.3-2019	电力建设施工技术规范 第3部分：汽轮发电机组	修订	2019-6-4	2019-10-1	国家能源局		中国电力建设企业协会

续表

序号	标准编号	标准名称	类型	发布日期	实施日期	批准部门	备案号	主编单位
61	DL 5190.4—2019	电力建设施工技术规范 第4部分：热工仪表及控制装置	修订	2019-6-4	2019-10-1	国家能源局		中国能源建设集团东北电力第一工程有限公司
62	DL 5190.5—2019	电力建设施工技术规范 第5部分：管道及系统	修订	2019-6-4	2019-10-1	国家能源局		中国电力建设企业协会
63	DL 5190.6—2019	电力建设施工技术规范 第6部分：水处理及制（供）氢设备及系统	修订	2019-6-4	2019-10-1	国家能源局		中国电力建设企业协会
64	DL 5190.8—2019	电力建设施工技术规范 第8部分：加工配制	修订	2019-6-4	2019-10-1	国家能源局		中国电力建设企业协会
65	DL/T 1962—2019	低温多效蒸馏海水淡化装置施工验收技术规定	制定	2019-6-4	2019-10-1	国家能源局		神华国华（北京）电力研究院有限公司
66	DL/T 5083—2019	水电水利工程预应力锚固施工规范	修订	2019-6-4	2019-10-1	国家能源局		中国葛洲坝集团股份有限公司，中国水利水电第三工程局有限公司
67	DL/T 5113.1—2019	水电水利基本建设工程单元工程质量等级评定标准 第1部分：水工建筑工程	修订	2019-6-4	2019-10-1	国家能源局		中国长江三峡集团公司
68	DL/T 5113.13—2019	水电水利基本建设工程单元工程质量等级评定标准 第13部分：浆砌石坝工程	制定	2019-6-4	2019-10-1	国家能源局		中国水利水电第七工程局有限公司
69	DL/T 5199—2019	水电水利工程混凝土防渗墙施工规范	修订	2019-11-4	2020-5-1	国家能源局		中国水利水电建设集团公司，中国水利基础局有限公司

续表

序号	标准编号	标准名称	类型	发布日期	实施日期	批准部门	备案号	主编单位
70	DL/T 5200-2019	水电水利工程高压喷射灌浆技术规范	修订	2019-11-4	2020-5-1	国家能源局		中国水电基础局有限公司
71	DL/T 5210.6-2019	电力建设施工质量验收规程 第6部分：调整试验	修订	2019-6-4	2019-10-1	国家能源局		上海电力建设启动调整试验所
72	DL/T 5211-2019	大坝安全监测自动化技术规范	修订	2019-11-4	2020-5-1	国家能源局		国网电力科学研究院
73	DL/T 5232-2019	直流换流站电气装置安装工程施工及验收规范	修订	2019-11-4	2020-5-1	国家能源局		国家电网公司直流建设分公司
74	DL/T 5233-2019	直流换流站电气装置施工质量检验及评定规程	修订	2019-11-4	2020-5-1	国家能源局		国家电网公司直流建设分公司
75	DL/T 5284-2019	碳纤维复合材料芯架空导线施工工艺导则	修订	2019-6-4	2019-10-1	国家能源局		中国电力科学研究院
76	DL/T 5406-2019	水电水利工程化学灌浆技术规范	修订	2019-11-4	2020-5-1	国家能源局		中国葛洲坝集团股份有限公司
77	DL/T 5407-2019	水电水利工程竖井斜井施工规范	修订	2019-11-4	2020-5-1	国家能源局		中国水利水电第五工程局有限公司
78	DL/T 5783-2019	水电水利地下工程地质超前预报技术规程	制定	2019-6-4	2019-10-1	国家能源局		长江水利委员会长江科学院
79	DL/T 5784-2019	混凝土坝安全监测系统施工技术规范	制定	2019-6-4	2019-10-1	国家能源局		国家电力监管委员会大坝安全监察中心
80	DL/T 5786-2019	水工塑性混凝土配合比设计规程	制定	2019-6-4	2019-10-1	国家能源局		中国葛洲坝集团股份有限公司、葛洲坝集团试验检测有限公司

续表

序号	标准编号	标准名称	类型	发布日期	实施日期	批准部门	备案号	主编单位
81	DL/T 5787-2019	水工混凝土温度控制施工规范	制定	2019-6-4	2019-10-1	国家能源局		中国水利水电科学研究院
82	DL/T 5788-2019	水工变态混凝土施工规范	制定	2019-6-4	2019-10-1	国家能源局		中国水利水电第七工程局有限公司、大唐云南分公司
83	DL/T 5789-2019	绝缘管型母线施工工艺导则	制定	2019-6-4	2019-10-1	国家能源局		广西送变电建设公司、国网河北省电力公司
84	DL/T 5790-2019	火力发电厂烟气净化装置施工技术规范	制定	2019-6-4	2019-10-1	国家能源局		中国电力建设企业协会
85	DL/T 5791-2019	火力发电建设工程机组热控调试导则	制定	2019-6-4	2019-10-1	国家能源局		中国电力建设企业协会、上海电力建设启动调整试验所
86	DL/T 5792-2019	架空输电线路货运索道运输施工工艺导则	制定	2019-11-4	2020-5-1	国家能源局		中国电力科学研究院
87	DL/T 5793-2019	光纤复合低压电缆附件施工及验收规范	制定	2019-11-4	2020-5-1	国家能源局		中国电力科学研究院
88	DL/T 5795-2019	水电水利工程带式输送机技术规范	制定	2019-11-4	2020-5-1	国家能源局		中国水电建设集团十五工程局有限公司
89	DL/T 5796-2019	水电工程边坡安全监测技术规范	制定	2019-11-4	2020-5-1	国家能源局		中国电建集团昆明勘测设计研究院有限公司
90	DL/T 5797-2019	水电水利工程纤维混凝土施工规范	制定	2019-11-4	2020-5-1	国家能源局		中国水利水电第五工程局有限公司
91	DL/T 5798-2019	水电水利工程现场文明施工规范	制定	2019-11-4	2020-5-1	国家能源局		中国水利水电第二工程局有限公司

续表

序号	标准编号	标准名称	类型	发布日期	实施日期	批准部门	备案号	主编单位
92	DL/T 5799-2019	水电水利工程过水围堰施工技术规范	制定	2019-11-4	2020-5-1	国家能源局		中国水利水电第五工程局有限公司
93	DL/T 5800-2019	水电水利工程道路快硬混凝土施工规范	制定	2019-11-4	2020-5-1	国家能源局		中国葛洲坝集团股份有限公司、中国葛洲坝集团第三工程有限公司
94	DL/T 5801-2019	抗硫酸盐侵蚀混凝土应用技术规程	制定	2019-11-4	2020-5-1	国家能源局		中国葛洲坝集团股份有限公司、中国葛洲坝集团第三工程有限公司
95	DL/T 5802-2019	管廊工程1000kV气体绝缘金属封闭输电线路施工及验收规范	制定	2019-11-4	2020-5-1	国家能源局		国网江苏省电力公司经济技术研究院、江苏省送变电公司
96	DL/T 5803-2019	管廊工程1000kV气体绝缘金属封闭输电线路施工工艺导则	制定	2019-11-4	2020-5-1	国家能源局		国网江苏省电力公司经济技术研究院、江苏省送变电公司
97	DL/T 5804-2019	水工碾压混凝土工艺试验规程	制定	2019-11-4	2020-5-1	国家能源局		中国葛洲坝集团股份有限公司、葛洲坝集团试验检测有限公司
98	NB/T 10313-2019	风电场接入电力系统设计内容深度规定	制定	2019-11-4	2020-5-1	国家能源局		电力规划设计总院
99	NB/T 10320-2019	光伏发电工程组件及支架安装质量评定标准	制定	2019-11-4	2020-5-1	国家能源局		特变电工新疆新能源股份有限公司
100	DL/T 5423-2019	核电厂常规岛仪表与控制设计规程	修订	2019-6-4	2019-10-1	国家能源局	J 921-2019	中国电力工程顾问集团华东电力设计院有限公司

续表

序号	标准编号	标准名称	类型	发布日期	实施日期	批准部门	备案号	主编单位
101	DL/T 5435-2019	火力发电工程经济评价导则	修订	2019-6-4	2019-10-1	国家能源局	J 933-2019	电力规划总院有限公司
102	DL/T 5438-2019	输变电工程经济评价导则	修订	2019-6-4	2019-10-1	国家能源局	J 936-2019	电力规划总院有限公司
103	DL/T 5553-2019	电力系统电气计算规程	制定	2019-6-4	2019-10-1	国家能源局	J 2704-2019	中国电力工程顾问集团西北电力设计院有限公司
104	DL/T 5554-2019	电力系统无功补偿及调压设计技术导则	制定	2019-6-4	2019-10-1	国家能源局	J 2705-2019	中国电力工程顾问集团西北电力设计院有限公司
105	DL/T 5555-2019	海上架空输电线路设计技术规程	制定	2019-6-4	2019-10-1	国家能源局	J 2706-2019	中国能源建设集团浙江省电力设计院有限公司、中国电力工程顾问集团西南电力设计院有限公司
106	DL/T 5556-2019	火力发电厂循环流化床锅炉系统设计规范	制定	2019-6-4	2019-10-1	国家能源局	J 2707-2019	中国电力工程顾问集团西南电力设计院有限公司
107	DL/T 5557-2019	电力系统会议电视系统设计规程	制定	2019-6-4	2019-10-1	国家能源局	J 2708-2019	中国电力工程顾问集团中南电力设计院有限公司
108	DL/T 5558-2019	电力系统调度自动化工程初步设计内容深度规定	制定	2019-6-4	2019-10-1	国家能源局	J 2709-2019	中国电力工程顾问集团西南电力设计院有限公司
109	DL/T 5559-2019	电站汽轮发电机组辅机换热设备选型设计规程	制定	2019-6-4	2019-10-1	国家能源局	J 2710-2019	中国能源建设集团广东省电力设计研究院有限公司
110	DL/T 5560-2019	电力调度数据网络工程设计规程	制定	2019-6-4	2019-10-1	国家能源局	J 2711-2019	中国电力工程顾问集团华东电力设计院有限公司
111	DL/T 5561-2019	换流站接地极设计文件内容深度规定	制定	2019-6-4	2019-10-1	国家能源局	J 2712-2019	中国电力工程顾问集团中南电力设计院有限公司
112	DL/T 5562-2019	换流站阀冷系统设计技术规程	制定	2019-6-4	2019-10-1	国家能源局	J 2713-2019	中国电力工程顾问集团中南电力设计院有限公司

续表

序号	标准编号	标准名称	类型	发布日期	实施日期	批准部门	备案号	主编单位
113	DL/T 5563-2019	换流站智能监控系统设计规程	制定	2019-6-4	2019-10-1	国家能源局	J 2714-2019	中国电力工程顾问集团中南电力设计院有限公司
114	DL/T 5564-2019	输变电工程接入系统设计规程	制定	2019-6-4	2019-10-1	国家能源局	J 2715-2019	中国电力工程顾问集团中南电力设计院有限公司
115	DL/T 5072-2019	发电厂保温油漆设计规程	制定	2019-11-4	2020-5-1	国家能源局	J 2763-2019	中国电力工程顾问集团西南电力设计院有限公司
116	DL/T 5187.2-2019	火力发电厂运煤设计技术规程 第2部分：煤尘防治	制定	2019-11-4	2020-5-1	国家能源局	J 2764-2019	中国电力工程顾问集团西北电力设计院有限公司
117	DL/T 5566-2019	架空输电线路工程勘测数据交换标准	制定	2019-11-4	2020-5-1	国家能源局	J 2765-2019	中国电力工程顾问集团中南电力设计院有限公司
118	DL/T 5565-2019	汽轮发电机组轴系扭振保护设计规程	制定	2019-11-4	2020-5-1	国家能源局	J 2766-2019	中国电力工程顾问集团华北电力设计院有限公司
119	DL/T 5567-2019	电力规划设计研究报告内容深度规定	制定	2019-11-4	2020-5-1	国家能源局	J 2767-2019	中国电力工程顾问集团中南电力设计院有限公司
120	GY/T 5202-2019	广播电视工程建设项目概（预）算编制标准	制定	2019-12-6	2020-1-1	国家广播电视总局	J 2780-2019	中广电广播电视设计研究院
121	GY/T 5027-2019	无线广播电视遥控监测站工程技术标准	制定	2019-12-6	2020-1-1	国家广播电视总局	J 2781-2019	国家广播电视总局监管中心
122	HG/T 20711-2019	化工实验室化验采暖通风与空气调节设计规范	制定	2019-8-27	2020-1-1	工业和信息化部	J 2749-2019	中国石油和化工勘察设计协会、北京戴纳实验科技有限公司
123	HG/T 20277-2019	化工储罐施工及验收规范	制定	2019-8-27	2020-1-1	工业和信息化部	J 2750-2019	中石化化工建设有限公司

续表

序号	标准编号	标准名称	类型	发布日期	实施日期	批准部门	备案号	主编单位
124	HG/T 20722-2019	橡胶工厂建设项目可行性研究报告内容和深度规定	制定	2019-12-24	2020-7-1	工业和信息化部	J 2820-2020	昊华工程有限公司（原：蓝星工程有限公司）
125	HG/T 22817-2019	化工矿山项目可行性研究报告编制规定	制定	2019-11-11	2020-4-1	工业和信息化部	J 2819-2020	中国寰球工程公司华北规划设计院
126	HG/T 20717-2019	污染场地岩土工程勘察标准	制定	2019-12-24	2020-7-1	工业和信息化部	J 2821-2020	化学工业岩土工程有限公司，东南大学
127	NB/T 10221-2019	盾构始发与接收冻结施工及验收规范	制定	2019-6-4	2019-10-1	国家能源局	J 2716-2019	中煤第五建设有限公司
128	NB/T 10222-2019	隧道联络通道冻结施工及验收规范	制定	2019-6-4	2019-10-1	国家能源局	J 2717-2019	中煤第五建设有限公司
129	NB/T 10223-2019	煤炭建设工程资料归档及档案管理规范	制定	2019-6-4	2019-10-1	国家能源局	J 2718-2019	煤炭工业晋城矿区建设工程质量监督站
130	NB/T 10140-2019	水电工程环境影响后评价技术规范	制定	2019-6-4	2019-10-1	国家能源局	J 2719-2019	中国电建集团中南勘测设计研究院有限公司
131	NB/T 10207-2019	风电场工程竣工图文件编制规程	制定	2019-6-4	2019-10-1	国家能源局	J 2720-2019	中国水利水电建设工程咨询有限公司，中国水电工程顾问集团有限公司
132	NB/T 10209-2019	风电场工程道路设计规范	制定	2019-6-4	2019-10-1	国家能源局	J 2721-2019	中国电建集团北京勘测设计研究院有限公司 中国电建集团中南勘测设计研究院有限公司
133	NB/T 10219-2019	风电场工程劳动安全与职业卫生设计规范	制定	2019-6-4	2019-10-1	国家能源局	J 2722-2019	水电水利规划设计总院，中国电建集团西北勘测设计研究院有限公司

续表

序号	标准编号	标准名称	类型	发布日期	实施日期	批准部门	备案号	主编单位
134	NB/T 10216－2019	风电机组钢筒塔设计制造安装规范	制定	2019－6－4	2019－10－1	国家能源局	J 2723－2019	中国电建集团西北勘测设计研究院有限公司
135	NB/T 10147－2019	生物质发电工程地质勘察规范	制定	2019－6－4	2019－10－1	国家能源局	J 2724－2019	中国电建集团华东勘测设计研究院有限公司
136	NB/T 10137－2019	水电工程危岩体工程地质勘察与防治规程	制定	2019－6－4	2019－10－1	国家能源局	J 2725－2019	中国电建集团成都勘测设计研究院有限公司
137	NB/T 10208－2019	陆上风电场工程施工安全技术规范	制定	2019－6－4	2019－10－1	国家能源局	J 2726－2019	中国长江三峡集团有限公司，中国三峡新能源有限公司
138	NB/T 10131－2019	水电工程水库区工程地质勘察规程	修订	2019－6－4	2019－10－1	国家能源局	J 518－2019	中国电建集团贵阳勘测设计研究院有限公司
139	NB/T 10142－2019	水电工程水温原型观测技术规范	制定	2019－6－4	2019－10－1	国家能源局	J 2727－2019	中国电建集团北京勘测设计研究院有限公司
140	NB/T 10130－2019	水电工程蓄水环境保护验收技术规程	制定	2019－6－4	2019－10－1	国家能源局	J 2728－2019	中国电建集团成都勘测设计研究院有限公司
141	NB/T 10138－2019	水电工程库岸防护工程勘察规程	制定	2019－6－4	2019－10－1	国家能源局	J 2729－2019	水电水利规划设计总院（可再生能源定额站）
142	NB/T 10146－2019	水电工程竣工决算专项验收规程	制定	2019－6－4	2019－10－1	国家能源局	J 2730－2019	中国电建集团成都勘测设计研究院有限公司
143	NB/T 10139－2019	水电工程泥石流勘察与防治设计规程	制定	2019－6－4	2019－10－1	国家能源局	J 2731－2019	水电水利规划设计总院，中国电建集团成都勘测设计研究院有限公司

续表

序号	标准编号	标准名称	类型	发布日期	实施日期	批准部门	备案号	主编单位
144	NB/T 10129-2019	水电工程水库影响区地质专题报告编制规程	制定	2019-6-4	2019-10-1	国家能源局	J 2732-2019	中国电建集团成都勘测设计研究院有限公司
145	NB/T 10141-2019	水电工程水库专项工程勘察规程	制定	2019-6-4	2019-10-1	国家能源局	J 2733-2019	中国电建集团昆明勘测设计研究院有限公司
146	NB/T 10133-2019	水电工程探地雷达探测技术规范	制定	2019-6-4	2019-10-1	国家能源局	J 2734-2019	中国科学院武汉岩土力学研究所、东北大学
147	NB/T 10143-2019	水电工程岩爆风险评估技术规范	制定	2019-6-4	2019-10-1	国家能源局	J 2735-2019	国家电投黄河上游水电开发有限责任公司、中国水利水电建设工程咨询有限公司
148	NB/T 10134-2019	水电工程岩芯收集与归档规范	制定	2019-6-4	2019-10-1	国家能源局	J 2736-2019	中国电建集团西北勘测设计研究院有限公司、水电水利规划设计总院
149	NB/T 10128-2019	光伏发电工程电气设计规范	制定	2019-6-4	2019-10-1	国家能源局	J 2737-2019	中国电建集团北京勘测设计研究院有限公司
150	NB/T 10144-2019	水力发电厂水力机械辅助系统流量监视测量技术规程	制定	2019-6-4	2019-10-1	国家能源局	J 2738-2019	中国中煤能源集团有限公司、煤建建筑安装工程集团有限公司
151	NB/T 10132-2019	水电工程通信设计内容和深度规定	修订	2019-6-4	2019-10-1	国家能源局	J 346-2019	中国中煤能源集团有限公司、中煤第五建设有限公司
152	NB/T 10244-2019	煤矿地面建筑安装工程绿色施工评价标准	制定	2019-11-4	2020-5-1	国家能源局	J 2778-2019	中国中煤能源集团有限公司、煤建建筑安装工程集团有限公司
153	NB/T 10245-2019	煤矿井巷及安装工程绿色施工评价标准	制定	2019-11-4	2020-5-1	国家能源局	J 2779-2019	中国电建集团中南勘测设计研究院有限公司

续表

序号	标准编号	标准名称	类型	发布日期	实施日期	批准部门	备案号	主编单位
154	NB/T 10224-2019	水电工程电法勘探技术规程	制定	2019-11-4	2020-5-1	国家能源局	J 2782-2019	中国电建集团北京勘测设计研究院有限公司
155	NB/T 10225-2019	水电工程地球物理测井技术规程	制定	2019-11-4	2020-5-1	国家能源局	J 2783-2019	中国电建集团中南勘测设计研究院有限公司
156	NB/T 10226-2019	水电工程生态制图标准	制定	2019-11-4	2020-5-1	国家能源局	J 2784-2019	水电水利规划设计总院、中国电建集团中南勘测设计研究院有限公司、武汉市伊美净科技发展有限公司
157	NB/T 10227-2019	水电工程物探规范	修订	2019-11-4	2020-5-1	国家能源局	J 421-2019	中国电建集团贵阳勘测设计研究院有限公司
158	NB/T 10228-2019	水电工程放射性探测技术规范	制定	2019-11-4	2020-5-1	国家能源局	J 2786-2019	中国电建集团贵阳勘测设计研究院有限公司
159	NB/T 10229-2019	水电工程环境保护设施验收规程	制定	2019-11-4	2020-5-1	国家能源局	J 2787-2019	水电水利规划设计总院、中国电建集团华东勘测设计研究院有限公司
160	NB/T 10230-2019	太阳能热发电工程规划报告编制规程	制定	2019-11-4	2020-5-1	国家能源局	J 2788-2019	水电水利规划设计总院、中国电建集团西北勘测设计研究院有限公司
161	NB/T 10232-2019	梯级水电站集中控制通信设计规范	制定	2019-11-4	2020-5-1	国家能源局	J 2789-2019	中国电建集团成都勘测设计研究院有限公司、水电水利规划设计总院

续表

序号	标准编号	标准名称	类型	发布日期	实施日期	批准部门	备案号	主编单位
162	NB/T 10233-2019	水电工程水文设计规范	修订	2019-11-4	2020-5-1	国家能源局	J 929-2019	中国电建集团成都勘测设计研究院有限公司
163	NB/T 10234-2019	水电工程可能最大洪水计算规范	制定	2019-11-4	2020-5-1	国家能源局	J 2791-2019	中国电建集团成都勘测设计研究院有限公司
164	NB/T 10235-2019	水电工程天然建筑材料勘察规程	修订	2019-11-4	2020-5-1	国家能源局	J 712-2019	水电水利规划设计总院,中国电建集团昆明勘测设计研究院有限公司
165	NB/T 10236-2019	水电工程水文地质勘察规程	制定	2019-11-4	2020-5-1	国家能源局	J 2793-2019	中国电建集团昆明勘测设计研究院有限公司
166	NB/T 10237-2019	水电工程施工机械选择设计规范	修订	2019-11-4	2020-5-1	国家能源局	J 135-2019	中国电建集团华东勘测设计研究院有限公司
167	NB/T 10238-2019	水电工程料源选择与料场开采设计规范	制定	2019-11-4	2020-5-1	国家能源局	J 2795-2019	中国电建集团昆明勘测设计研究院有限公司
168	NB/T 10239-2019	水电工程声像文件收集与归档规范	制定	2019-11-4	2020-5-1	国家能源局	J 2796-2019	黄河上游水电开发有限责任公司,中国水利水电建设工程咨询有限公司
169	NB/T 10240-2019	生物质成型燃料锅炉房设计规范	制定	2019-11-4	2020-5-1	国家能源局	J 2797-2019	中国电建集团西北勘测设计研究院有限公司,水电水利规划设计总院
170	NB/T 10241-2019	水电工程地下建筑物工程地质勘察规程	修订	2019-11-4	2020-5-1	国家能源局	J 914-2019	中国电建集团成都勘测设计研究院有限公司

续表

序号	标准编号	标准名称	类型	发布日期	实施日期	批准部门	备案号	主编单位
171	NB/T 10311-2019	陆上风电场工程风电机组基础设计规范	制定	2019-11-4	2020-5-1	国家能源局	J 2799-2019	中国电建集团西北勘测设计研究院有限公司，水电水利规划设计总院
172	NB/T 31029-2019	海上风电场工程风能资源测量及海洋水文观测规范	修订	2019-11-4	2020-5-1	国家能源局	J 2800-2019	中国电建集团华东勘测设计研究院有限公司
173	NB/T 31031-2019	海上风电场工程预可行性研究报告编制规程	修订	2019-11-4	2020-5-1	国家能源局	J 2801-2019	中国电建集团华东勘测设计研究院有限公司，水电水利规划设计总院
174	NB/T 31032-2019	海上风电场工程可行性研究报告编制规程	修订	2019-11-4	2020-5-1	国家能源局	J 2802-2019	中国电建集团华东勘测设计研究院有限公司，水电水利规划设计总院
175	NB/T 31033-2019	海上风电场工程施工组织设计规范	修订	2019-11-4	2020-5-1	国家能源局	J 2803-2019	中国电建集团华东勘测设计研究院有限公司，水电水利规划设计总院
176	SY/T 0089-2019	油气厂、站、库给水排水设计规范	修订	2019-11-4	2020-5-1	国家能源局		中石化石油工程设计有限公司
177	SY/T 0077-2019	天然气凝液回收设计规范	修订	2019-11-4	2020-5-1	国家能源局		中石化石油工程设计有限公司
178	SY/T 6853-2019	油气输送管道工程矿山法隧道设计规范	修订	2019-11-4	2020-5-1	国家能源局		中国石油天然气管道工程有限公司
179	SY/T 7439-2019	油气管道工程物探规范	制定	2019-11-4	2020-5-1	国家能源局		中国石油天然气管道工程有限公司
180	SY/T 7440-2019	CO_2驱油油田注入及采出系统设计规范	制定	2019-11-4	2020-5-1	国家能源局		吉林石油集团石油工程有限责任公司

续表

序号	标准编号	标准名称	类型	发布日期	实施日期	批准部门	备案号	主编单位
181	SY/T 4108-2019	输油(气)管道同沟敷设光缆(硅芯管)设计及施工规范	修订	2019-11-4	2020-5-1	国家能源局		中国石油天然气管道工程有限公司
182	SY/T 4201.1-2019	石油天然气建设工程施工质量验收规范 设备安装工程 第1部分:机泵类	修订	2019-11-4	2020-5-1	国家能源局		大庆油田建设集团有限责任公司
183	SY/T 4201.2-2019	石油天然气建设工程施工质量验收规范 设备安装工程 第2部分:塔类	修订	2019-11-4	2020-5-1	国家能源局		大庆油田建设集团有限责任公司
184	SY/T 4201.3-2019	石油天然气建设工程施工质量验收规范 设备安装工程 第3部分:容器类	修订	2019-11-4	2020-5-1	国家能源局		大庆油田建设集团有限责任公司
185	SY/T 4201.4-2019	石油天然气建设工程施工质量验收规范 设备安装工程 第4部分:炉类	修订	2019-11-4	2020-5-1	国家能源局		大庆油田建设集团有限责任公司
186	SY/T 4202-2019	石油天然气建设工程施工质量验收规范 储罐工程	修订	2019-11-4	2020-5-1	国家能源局		中石油第一建设公司
187	SY/T 4203-2019	石油天然气建设工程施工质量验收规范 站内工艺管道工程	修订	2019-11-4	2020-5-1	国家能源局		中国石油天然气管道局

续表

序号	标准编号	标准名称	类型	发布日期	实施日期	批准部门	备案号	主编单位
188	SY/T 4204-2019	石油天然气建设工程施工质量验收规范 油气田集输管道工程	修订	2019-11-4	2020-5-1	国家能源局		四川石油天然气建设工程有限责任公司
189	SY/T 4205-2019	石油天然气建设工程施工质量验收规范 自动化仪表工程	修订	2019-11-4	2020-5-1	国家能源局		中国石油天然气第一建设公司
190	SY/T 4206-2019	石油天然气建设工程施工质量验收规范 电气工程	修订	2019-11-4	2020-5-1	国家能源局		胜利油田胜利石油化工建设有限责任公司
191	SY/T 4211-2019	石油天然气建设工程施工质量验收规范 桥梁工程	修订	2019-11-4	2020-5-1	国家能源局		胜利油田胜利工程建设（集团）有限责任公司
192	SY/T 4217.3-2019	石油天然气建设工程施工质量验收规范通信工程 第3部分：油气田通信地埋线路	制定	2019-11-4	2020-5-1	国家能源局		长庆石油勘探局有限公司通信处
193	SY/T 4217.4-2019	石油天然气建设工程施工质量验收规范通信工程 第4部分：长输管道站场通信	制定	2019-11-4	2020-5-1	国家能源局		长庆石油勘探局有限公司通信处
194	SY/T 6879-2019	石油天然气建设工程施工质量验收规范 滩海海堤工程	修订	2019-11-4	2020-5-1	国家能源局		胜利油田胜利工程建设（集团）有限责任公司
195	SY/T 7438-2019	油气田场站通信系统工程施工规范	制定	2019-11-4	2020-5-1	国家能源局		长庆石油勘探局有限公司通信处

125

续表

序号	标准编号	标准名称	类型	发布日期	实施日期	批准部门	备案号	主编单位
196	SY/T 0457—2019	钢质管道液体环氧涂料内防腐技术规范	修订	2019-11-4	2020-5-1	国家能源局		中国石油集团工程技术研究有限公司
197	SY/T 0603—2019	玻璃纤维增强塑料储罐技术规范	修订	2019-11-4	2020-5-1	国家能源局		西安长庆科技工程有限责任公司
198	SY/T 4110—2019	钢质管道聚乙烯内衬技术规范	修订	2019-11-4	2020-5-1	国家能源局		中国石油天然气股份有限公司管道分公司
199	SY/T 4113.3—2019	管道防腐层性能试验方法 第3部分：阴极剥离测试	修订	2019-11-4	2020-5-1	国家能源局		中国石油集团工程技术研究有限公司
200	SY/T 4113.4—2019	管道防腐层性能试验方法 第4部分：拉伸剪切强度测试	修订	2019-11-4	2020-5-1	国家能源局		中国石油集团工程技术研究有限公司
201	SY/T 4113.5—2019	管道防腐层性能试验方法 第5部分：抗弯曲测试	修订	2019-11-4	2020-5-1	国家能源局		中国石油天然气股份有限公司管道分公司
202	SY/T 4113.6—2019	管道防腐层性能测试方法 第6部分：压痕硬度测试	修订	2019-11-4	2020-5-1	国家能源局		中国石油天然气股份有限公司管道分公司
203	SH/T 3002—2019	石油库节能设计导则	修订	2019-5-2	2019-11-1	工业和信息化部	J 2760—2019	中国石化工程建设有限公司
204	SH/T 3015—2019	石油化工给水排水系统设计规范	修订	2019-5-2	2019-11-1	工业和信息化部	J 2759—2019	中石化宁波工程有限公司

续表

序号	标准编号	标准名称	类型	发布日期	实施日期	批准部门	备案号	主编单位
205	SH/T 3022-2019	石油化工设备和管道涂料防腐蚀设计标准	修订	2019-12-24	2020-7-1	工业和信息化部	J 1239-2011	中国石化集团宁波工程有限公司
206	SH/T 3061-2019	石油化工管式炉基础设计规范	修订	2019-12-2	2020-4-1	工业和信息化部		中国石化工程建设公司
207	SH/T 3081-2019	石油化工仪表接地设计规范	修订	2019-8-27	2020-1-1	工业和信息化部	J 328-2020	中国石化工程建设有限公司
208	SH/T 3082-2019	石油化工仪表供电设计规范	修订	2019-8-27	2020-1-1	工业和信息化部	J 329-2020	中石化洛阳工程有限公司
209	SH/T 3103-2019	石油化工中心化验室设计规范	修订	2019-8-27	2020-1-1	工业和信息化部	J 1033-2020	中石化广州工程有限公司
210	SH/T 3106-2019	石油化工氮氧系统设计规范	修订	2019-8-27	2020-1-1	工业和信息化部	J 1032-2020	中国石化工程建设有限公司
211	SH/T 3139-2019	石油化工重载荷离心泵工程技术规范	修订	2019-8-27	2020-1-1	工业和信息化部	J 1241-2020	中石化上海工程有限公司
212	SH/T 3154-2019	石油化工非金属衬里管道技术标准	修订	2019-12-24	2020-7-1	工业和信息化部	J 1031-2010	中国石化集团宁波工程有限公司
213	SH/T 3156-2019	石油化工离心泵和转子泵用轴封系统技术规范	修订	2019-8-27	2020-1-1	工业和信息化部	J 1030-2020	中石化上海工程有限公司
214	SH/T 3157-2019	石油化工回转式压缩机工程技术规范	修订	2019-8-27	2020-1-1	工业和信息化部	J 1029-2020	中石化洛阳工程有限公司
215	SH/T 3159-2019	石油化工岩土工程勘察规范	修订	2019-12-2	2020-4-1	工业和信息化部	J 1027-2010	北京东方新星石化工程股份有限公司
216	SH/T 3204-2019	石油化工粉粒产品后处理（包装）系统设计规范	制定	2019-8-27	2020-1-1	工业和信息化部	J 2832-2020	中石化南京工程有限公司
217	SH/T 3205-2019	石油化工紧急冲淋系统设计规范	制定	2019-8-27	2020-1-1	工业和信息化部	J 2833-2020	中国石化工程建设有限公司

续表

序号	标准编号	标准名称	类型	发布日期	实施日期	批准部门	备案号	主编单位
218	SH/T 3206-2019	石油化工设计安全检查标准	制定	2019-8-27	2020-1-1	工业和信息化部	J 2834-2020	中国石油化工股份有限公司青岛安全工程研究院
219	SH/T 3207-2019	石油化工工程安全标志	制定	2019-8-27	2020-1-1	工业和信息化部	J 2835-2020	中国石油化工股份有限公司青岛安全工程研究院
220	SH/T 3413-2019	石油化工石油气管道阻火器选用、检验及验收标准	修订	2019-5-2	2019-11-1	工业和信息化部	J 2761-2019	中国石化工程建设有限公司
221	SH/T 3513-2019	立式圆筒形料仓施工及验收规范	修订	2019-8-27	2020-1-1	工业和信息化部	J 1023-2020	中石化第四建设有限公司
222	SH/T 3539-2019	石油化工离心式压缩机组施工及验收规范	修订	2019-8-27	2020-1-1	工业和信息化部	J 679-2020	中石化南京工程有限公司
223	SH/T 3568-2019	石油化工火灾自动报警系统施工及验收标准	制定	2019-12-24	2020-7-1	工业和信息化部	J 1015-2010	中石化南京工程有限公司
224	SH/T 3603-2019	石油化工钢结构防腐蚀涂料应用技术规范	修订	2019-12-2	2020-4-1	工业和信息化部	J 1014-2010	中石化集团上海工程有限公司
225	SH/T 3604-2019	石油化工水泥基无收缩灌浆材料应用技术规程	修订	2019-12-2	2020-4-1	工业和信息化部	J 124-2019	中石化集团上海工程有限公司
226	TB 10012-2019	铁路工程地质勘察规范	修订	2019-4-18	2019-8-1	国家铁路局	J 127-2019	中铁第一勘察设计院集团有限公司
227	TB 10025-2019	铁路路基支挡结构设计规范	修订	2019-7-31	2019-12-1	国家铁路局	J 2740-2019	中铁二院工程集团有限责任公司
228	TB 10056-2019	铁路房屋供暖通风与空气调节设计规范	修订	2019-7-31	2019-12-1	国家铁路局	J 2742-2019	中国铁路设计集团有限公司
229	TB 10061-2019	铁路工程劳动安全与卫生设计规范	修订	2019-7-31	2019-12-1	国家铁路局		中国铁路设计集团有限公司

续表

序号	标准编号	标准名称	类型	发布日期	实施日期	批准部门	备案号	主编单位
230	TB 10064-2019	铁路工程混凝土配筋设计规范	制定	2019-5-5	2019-9-1	国家铁路局	J 2696-2019	中铁二院工程集团有限责任公司
231	TB 10077-2019	铁路工程岩土分类标准	修订	2019-4-18	2019-8-1	国家铁路局	J 123-2019	中铁第一勘察设计院集团有限公司
232	TB 10097-2019	铁路房屋建筑设计标准	制定	2019-7-31	2019-12-1	国家铁路局	J 2741-2019	中国铁路设计集团有限公司
233	TB 10120-2019	铁路瓦斯隧道技术规范	修订	2019-4-18	2019-8-1	国家铁路局	J 160-2019	中铁二院工程集团有限责任公司
234	TB 10218-2019	铁路工程基桩检测技术规程	修订	2019-4-18	2019-8-1	国家铁路局	J 808-2019	中国铁道科学研究院集团有限公司
235	TB 10313-2019	铁路工程爆破振动安全技术规程	制定	2019-4-18	2019-8-1	国家铁路局	J 2694-2019	中国铁道科学研究院集团有限公司
236	TB 10402-2019	铁路建设工程监理规范	修订	2019-4-18	2019-8-1	国家铁路局	J 269-2019	西南交通大学、石家庄铁道大学
237	TB 10425-2019	铁路混凝土强度检验评定标准	修订	2019-5-5	2019-9-1	国家铁路局	J 2697-2019	中国铁道科学研究院集团有限公司
238	TB 10426-2019	铁路工程结构混凝土强度检测规程	修订	2019-4-18	2019-8-1	国家铁路局	J 342-2019	中铁二十局集团有限公司
239	TB/T 10431-2019	铁路图像通信工程检测规程	制定	2019-5-27	2019-9-1	国家铁路局	J 2698-2019	中国铁路通信号上海工程局集团有限公司
240	TB 10461-2019	客货共线铁路工程动态验收技术规范	修订	2019-4-18	2019-8-1	国家铁路局	J 2695-2019	中国铁道科学研究院集团有限公司
241	TB 10505-2019	铁路声屏障工程设计规范	制定	2019-7-31	2019-12-1	国家铁路局	J 2743-2019	中铁第四勘察设计院集团有限公司、中铁二院工程集团有限责任公司
242	TB 10630-2019	磁浮铁路技术标准(试行)	制定	2019-8-22	2020-1-1	国家铁路局	J 2739-2019	中国铁路设计集团有限公司、中铁第四勘察设计院集团有限公司、中车工业研究院有限公司

续表

序号	标准编号	标准名称	类型	发布日期	实施日期	批准部门	备案号	主编单位
243	TB 10638-2019	铁路专用线设计规范（试行）	制定	2019-11-19	2020-3-1	国家铁路局	J 2776-2019	中国铁路设计集团有限公司
244	TB 10671-2019	高速铁路安全防护设计规范	制定	2019-11-5	2020-2-1	国家铁路局	J 2775-2019	中国铁路经济规划研究院有限公司
245	YS/T 5230-2019	边坡工程勘察规范	修订	2019-8-27	2020-1-1	工业和信息化部	J 2777-2019	中国有色金属工业昆明勘察设计研究院有限公司
246	YS/T 5220-2019	电测十字板剪切试验规程	修订	2019-12-24	2020-7-1	工业和信息化部	J 107-2020	中国有色金属工业昆明勘察设计研究院有限公司
247	YS/T 5212-2019	灌注桩基础技术规程	修订	2019-12-24	2020-7-1	工业和信息化部	J 2824-2020	中国有色金属工业昆明勘察设计研究院有限公司
248	YS/T 5223-2019	静力触探试验规程	修订	2019-8-27	2020-1-1	工业和信息化部	J 110-2019	中国有色金属工业昆明勘察设计研究院有限公司
249	YS/T 5207-2019	天然建筑材料勘察规程	修订	2019-8-27	2020-1-1	工业和信息化部	J 99-2019	中国有色金属工业昆明勘察设计研究院有限公司
250	YS/T 5221-2019	现场直剪试验规程	修订	2019-8-27	2020-1-1	工业和信息化部	J 108-2019	中国有色金属工业昆明勘察设计研究院有限公司
251	YS/T 5229-2019	岩土工程监测规范	修订	2019-12-24	2020-7-1	工业和信息化部	J 2823-2020	中国有色金属工业昆明勘察设计研究院有限公司
252	YS/T 5234-2019	阳极炭块堆料机组安装技术规范	制定	2019-5-2	2019-11-1	工业和信息化部	J 2689-2019	中国有色（沈阳）冶金机械有限公司
253	YS/T 5036-2019	氧化铝厂通风除尘与烟气净化设计规范	制定	2019-5-2	2019-11-1	工业和信息化部	J 2688-2019	贵阳铝镁设计研究院有限公司
254	YS/T 5219-2019	圆锥动力触探试验规程	修订	2019-12-24	2020-7-1	工业和信息化部	J 106-2020	中国有色金属工业昆明勘察设计研究院有限公司

续表

序号	标准编号	标准名称	类型	发布日期	实施日期	批准部门	备案号	主编单位
255	JTG 2111—2019	小交通量农村公路工程技术标准	制定	2019-2-27	2019-6-1	交通运输部		北京交科公路勘察设计研究院有限公司
256	JTG/T 5190—2019	农村公路养护技术规范	制定	2019-3-26	2019-7-1	交通运输部		中交高科养护科技股份有限公司
257	JTG/T 3364-2—2019	公路钢桥面铺装设计与施工技术规范	制定	2019-6-4	2019-9-1	交通运输部		招商局重庆交通科研设计院有限公司
258	JTG/T 3650-2—2019	特大跨径公路桥梁施工测量规范	制定	2019-6-4	2019-9-1	交通运输部		江苏省交通工程建设局（江苏省长江大桥建设指挥部）
259	JTG/T 3310—2019	公路工程混凝土结构耐久性设计规范	修订	2019-6-4	2019-9-1	交通运输部		苏交科集团股份有限公司
260	JTG/T 5521—2019	公路沥青路面再生技术规范	修订	2019-8-29	2019-11-1	交通运输部		交通运输部公路科学研究院
261	JTG/T 3610—2019	公路路基施工技术规范	修订	2019-9-9	2019-12-1	交通运输部		中交第三公路工程局有限公司
262	JTG/T 5142—2019	公路沥青路面养护技术规范	修订	2019-5-28	2019-9-1	交通运输部		中交高科养护科技股份有限公司
263	JTG 2232—2019	公路隧道抗震设计规范	修订	2019-11-26	2020-3-1	交通运输部		招商局重庆交通科研设计院有限公司
264	JTG 3363—2019	公路桥涵地基与基础设计规范	修订	2019-12-17	2020-4-1	交通运输部		中交公路规划设计院有限公司
265	JTG 3450—2019	公路路基路面现场测试规程	修订	2019-12-10	2020-4-1	交通运输部		交通运输部公路科学研究院
266	SL/T 791—2019	水库降等与报废评估导则	制定	2019-12-19	2020-3-19	水利部		南京水利科学研究院
267	SL 74—2019	水利水电工程钢闸门设计规范	修订	2019-12-19	2020-3-19	水利部		中水北方勘测设计研究有限责任公司
268	SL/T 164—2019	溃坝洪水模拟技术规程	修订	2019-11-13	2020-2-13	水利部		水利部长江水利委员会长江科学院

续表

序号	标准编号	标准名称	类型	发布日期	实施日期	批准部门	备案号	主编单位
269	SL/T 163-2019	水利水电工程施工导流和截流模型试验规程	修订	2019-11-13	2020-2-13	水利部		水利部长江水利委员会长江科学院
270	SL/T 782-2019	水利水电工程安全监测系统运行管理规范	制定	2019-11-6	2020-2-6	水利部		水利部大坝安全管理中心
271	SL/T 165-2019	滑坡涌浪模拟技术规程	修订	2019-11-6	2020-2-6	水利部		长江水利委员会长江科学院
272	SL/T 269-2019	水利水电工程沉沙池设计规范	修订	2019-9-30	2019-12-30	水利部		山西省水利水电勘测设计研究院
273	SL 310-2019	村镇供水工程技术规范	修订	2019-9-30	2019-12-30	水利部		中国灌溉排水发展中心(水利部农村饮水安全中心)
274	SL/T 16-2019	小水电建设项目经济评价规程	修订	2019-9-9	2019-12-9	水利部		水利部农村电气化研究所
275	SL/T 779-2019	大中型水库移民后期扶持监测评估导则	制定	2019-9-9	2019-12-9	水利部		长江工程监理咨询有限公司(湖北)
276	SL/T 179-2019	小型水电站初步设计报告编制规程	修订	2019-5-31	2019-8-31	水利部		山西省水利水电勘测设计研究院
277	SL/T 246-2019	灌溉与排水工程技术管理规程	修订	2019-5-31	2019-8-31	水利部		中国灌溉排水发展中心
278	SL/T 777-2019	滨海核电建设项目水资源论证导则	制定	2019-5-31	2019-8-31	水利部		水利部水资源管理中心
279	SL/T 778-2019	山洪沟防洪治理工程技术规范	制定	2019-5-31	2019-8-31	水利部		中国水利水电科学研究院
280	SL 221-2019	中小河流水能开发规划编制规程	修订	2019-2-11	2019-5-11	水利部		水利部农村电气化研究所

附 录

附录四 2019年发布的工程建设地方标准

序号	标准编号	标准名称	被代替标准编号	发布日期	实施日期	备案号	批准部门
1	DB34/T 3324-2019	建设工程声像信息服务规范		2019-7-1	2019-8-1	J14837-2019	安徽省市场监督管理局
2	DB34/T 3325-2019	地下管线竣工测绘技术规程		2019-7-1	2019-8-1	J14838-2019	安徽省市场监督管理局
3	DB34/T 3326-2019	古建筑白蚁防治技术规程		2019-7-1	2019-8-1	J14839-2019	安徽省市场监督管理局
4	DB34/T 918-2019	建筑工程资料管理规程	DB34/T 918-2009	2019-7-1	2019-8-1	J11433-2019	安徽省市场监督管理局
5	DB34/T 1469-2019	居住区供配电系统技术标准	DB34/T 1469-2011	2019-7-1	2019-8-1	J11903-2019	安徽省市场监督管理局
6	DB34/T 3457-2019	建设工程质量检测技术管理规程		2019-12-25	2020-6-25	J15083-2020	安徽省市场监督管理局
7	DB34/T 3458-2019	景观照明工程施工及验收规程		2019-12-25	2020-6-25	J15084-2020	安徽省市场监督管理局
8	DB34/T 3459-2019	市政与轨道交通工程安全生产标准化工地评价标准		2019-12-25	2020-6-25	J15085-2020	安徽省市场监督管理局
9	DB34/T 1588-2019	建筑节能工程现场检测技术规程	J12077-2012	2019-12-25	2020-6-25	J12077-2020	安徽省市场监督管理局
10	DB34/T 1466-2019	居住建筑节能设计标准	J11810-2011	2019-12-25	2020-6-25	J11810-2020	安徽省市场监督管理局
11	DB34/T 3460-2019	城市轨道交通地下工程施工监测技术规程		2019-12-25	2020-6-25	J15086-2020	安徽省市场监督管理局
12	DB34/T 5001-2019	高层钢结构住宅技术规程	J12623-2014	2019-12-25	2020-6-25	J12623-2020	安徽省市场监督管理局
13	DB34/T 3462-2019	再生集料道路基层施工技术规程		2019-12-25	2020-6-25	J15087-2020	安徽省市场监督管理局
14	DB34/T 3463-2019	钢筋桁架楼承板系统应用技术规程		2019-12-25	2020-6-25	J15088-2020	安徽省市场监督管理局
15	DB34/T 3464-2019	城市桥梁施工限载标准		2019-12-25	2020-6-25	J15089-2020	安徽省市场监督管理局
16	DB34/T 3465-2019	连续梁整体同步顶升技术规程		2019-12-25	2020-6-25	J15090-2020	安徽省市场监督管理局
17	DB34/T 3466-2019	装配式钢支撑基坑支护技术标准		2019-12-25	2020-6-25	J15091-2020	安徽省市场监督管理局
18	DB34/T 3467-2019	住宅设计标准		2019-12-25	2020-6-25	J15092-2020	安徽省市场监督管理局
19	DB34/T 3468-2019	民用建筑楼面保温隔声工程技术规程		2019-12-25	2020-6-25	J15093-2020	安徽省市场监督管理局

续表

序号	标准编号	标准名称	被代替标准编号	发布日期	实施日期	备案号	批准部门
20	DB34/T 3469-2019	高延性混凝土应用技术规程		2019-12-25	2020-6-25	J 15094-2020	安徽省市场监督管理局
21	DB11/T 1625-2019	场地形成工程勘察设计技术规程		2019-3-26	2019-10-1	J 14667-2019	北京市规划和自然资源委员会 北京市市场监督管理局
22	DB11/T 1627-2019	建筑日照计算参数标准		2019-3-26	2019-10-1	J 14668-2019	北京市规划和自然资源委员会 北京市市场监督管理局
23	DB11/T 1649-2019	建设工程规划核验测量成果检查验收技术规程		2019-6-17	2020-1-1	J 14831-2019	北京市规划和自然资源委员会 北京市市场监督管理局
24	DB11/T 692-2019	历史文化街区工程管线综合规划规范	DB11/T 692-2009	2019-9-23	2020-4-1	J 11560-2019	北京市规划和自然资源委员会 北京市市场监督管理局
25	DB11/T 1706-2019	文物建筑防火设计规范		2019-12-23	2020-4-1	J 14917-2019	北京市规划和自然资源委员会 北京市市场监督管理局
26	DB11/T 1665-2019	超低能耗居住建筑设计标准		2019-9-23	2020-4-1	J 14976-2020	北京市规划和自然资源委员会 北京市市场监督管理局
27	DB11/T 1707-2019	有轨电车工程设计规范		2019-12-23	2020-7-1	J 15026-2020	北京市规划和自然资源委员会 北京市市场监督管理局
28	DB11/T 385-2019	预拌混凝土质量管理规程	DB11/T 385-2011	2019-3-26	2019-7-1	J 10893-2019	北京市住房和城乡建设委员会 北京市市场监督管理局
29	DB11/T 461-2019	民用建筑太阳能热水系统应用技术规程	DB11/T 461-2010	2019-3-26	2019-7-1	J 11006-2019	北京市住房和城乡建设委员会 北京市市场监督管理局

续表

序号	标准编号	标准名称	被代替标准编号	发布日期	实施日期	备案号	批准部门
30	DB11/T 1628-2019	钢管混凝土顶升法施工技术规程		2019-3-26	2019-7-1	J14689-2019	北京市住房和城乡建设委员会 北京市市场监督管理局
31	DB11/T 1629-2019	投标施工组织设计编制规程		2019-3-26	2019-7-1	J14690-2019	北京市住房和城乡建设委员会 北京市市场监督管理局
32	DB11/T 1630-2019	城市综合管廊工程施工及质量验收规范		2019-4-1	2019-7-1	J14718-2019	北京市住房和城乡建设委员会 北京市市场监督管理局
33	DB11/T 1667-2019	建设工程造价数据存储标准		2019-9-23	2020-1-1	J14928-2019	北京市住房和城乡建设委员会 北京市市场监督管理局
34	DB11/T 537-2019	墙体内保温施工技术规程 胶粉聚苯颗粒保温浆料做法和增强粉刷石膏聚苯板做法	DB11/T 537-2008	2019-9-23	2020-1-1	J11212-2019	北京市住房和城乡建设委员会 北京市市场监督管理局
35	DB11/T 1668-2019	轻钢现浇轻质内隔墙技术规程		2019-9-23	2020-1-1	J14929-2019	北京市住房和城乡建设委员会 北京市市场监督管理局
36	DB11/T 311.1-2019	城市轨道交通工程质量验收标准 第1部分:土建工程	J17297-2005	2019-12-23	2020-4-1	J15115-2020	北京市住房和城乡建设委员会 北京市市场监督管理局
37	DB11/T 742-2019	轻集料混凝土填充砌块技术规程	J11707-2010	2019-12-23	2020-4-1	J11707-2020	北京市住房和城乡建设委员会 北京市市场监督管理局
38	DB11/T 1708-2019	施工工地扬尘视频监控和数据传输技术规范		2019-12-23	2020-4-1	J15116-2020	北京市住房和城乡建设委员会 北京市市场监督管理局

续表

序号	标准编号	标准名称	被代替标准编号	发布日期	实施日期	备案号	批准部门
39	DB11/T 1709-2019	装配式建筑设备与电气工程施工质量及验收规程		2019-12-23	2020-4-1	J15117-2020	北京市住房和城乡建设委员会 北京市市场监督管理局
40	DB11/T 1710-2019	智慧工地技术规程		2019-12-23	2020-4-1	J15118-2020	北京市住房和城乡建设委员会 北京市市场监督管理局
41	DB11/T 1711-2019	建设工程造价技术经济指标采集标准		2019-12-23	2020-4-1	J15119-2020	北京市住房和城乡建设委员会 北京市市场监督管理局
42	DB11/T 1712-2020	城市综合管廊监控与报警系统安装工程施工规范		2019-12-23	2020-5-1	J15120-2020	北京市住房和城乡建设委员会 北京市市场监督管理局
43	DB11/T 1713-2020	城市综合管廊工程资料管理规程		2019-12-23	2020-5-1	J15121-2020	北京市住房和城乡建设委员会 北京市市场监督管理局
44	DBJ/T 13-102-2019	水平定向钻进管线铺设工程技术规程	DBJ 13-102-2008	2019-1-29	2019-4-1	J11214-2019	福建省住房和城乡建设厅
45	DBJ/T 13-72-2019	贯入法检测砌筑砂浆抗压强度技术规程	DBJ 13-72-2006	2019-6-18	2019-10-1	J10718-2019	福建省住房和城乡建设厅
46	DBJ/T 13-306-2019	聚脲弹性体防水涂料施工技术规程		2019-6-18	2019-10-1	J14784-2019	福建省住房和城乡建设厅
47	DBJ/T 13-307-2019	钢丝绳网片面层加固技术施工及验收规程		2019-6-18	2019-10-1	J14785-2019	福建省住房和城乡建设厅
48	DBJ/T 13-309-2019	非开挖顶管技术规程		2019-12-10	2020-3-1	J14952-2019	福建省住房和城乡建设厅
49	DBJ/T 13-310-2019	装配式住宅建筑模数技术规程		2019-12-10	2020-3-1	J14953-2019	福建省住房和城乡建设厅
50	DBJ/T 13-311-2019	城市人民防空设施配置技术标准		2019-12-10	2020-3-1	J14954-2019	福建省住房和城乡建设厅

续表

序号	标准编号	标准名称	被代替标准编号	发布日期	实施日期	备案号	批准部门
51	DBJ/T 13-313-2019	城市轨道交通工程渗漏水治理技术规程		2019-12-10	2020-3-1	J14955-2019	福建省住房和城乡建设厅
52	DBJ/T 13-314-2019	城市轨道交通工程不良地质体探测技术规程		2019-12-10	2020-3-1	J14956-2019	福建省住房和城乡建设厅
53	DBJ/T 13-315-2019	城市古树名木健康诊断技术规程		2019-12-10	2020-3-1	J14957-2019	福建省住房和城乡建设厅
54	DBJ/T 13-316-2019	聚合物透水混凝土路面技术规程		2019-12-10	2020-3-1	J14958-2019	福建省住房和城乡建设厅
55	DBJ/T 13-317-2019	装配式轻型钢结构住宅技术规程		2019-12-10	2020-3-1	J14959-2019	福建省住房和城乡建设厅
56	DBJ/T 13-318-2019	建筑施工承插型盘扣式钢管支架安全技术规程		2019-12-10	2020-3-1	J14960-2019	福建省住房和城乡建设厅
57	DBJ/T 13-319-2019	建筑起重机械信息系统建设应用规程		2019-12-10	2020-3-1	J14961-2019	福建省住房和城乡建设厅
58	DBJ/T 13-320-2019	建设项目社会稳定风险评估报告编审规程		2019-12-10	2020-3-1	J14962-2019	福建省住房和城乡建设厅
59	DBJ/T 13-321-2019	城市轨道交通工程盾构注浆技术规程		2019-12-10	2020-3-1	J14963-2019	福建省住房和城乡建设厅
60	DBJ/T 13-322-2019	既有城市高架桥梁抗震性能评价技术规程		2019-12-10	2020-3-1	J14964-2019	福建省住房和城乡建设厅
61	DBJ/T 13-144-2019	建设工程监理文件管理规程	DBJ/T 13-144-2011	2019-12-10	2020-3-1	J11943-2019	福建省住房和城乡建设厅
62	DBJ/T 13-323-2019	土壤固化剂应用技术规程		2019-12-10	2020-3-1	J14965-2019	福建省住房和城乡建设厅
63	DBJ/T 13-193-2019	福建省省级企业技术中心(建筑施工企业)管理与评价标准	DBJ/T 13-193-2014	2019-12-10	2020-3-1	J12813-2019	福建省住房和城乡建设厅
64	DB62/T 3162-2019	装配式微孔混凝土复合外墙大板应用技术规程		2019-2-26	2019-6-1	J14600-2019	甘肃省住房和城乡建设厅 甘肃省市场监督管理局

续表

序号	标准编号	标准名称	被代替标准编号	发布日期	实施日期	备案号	批准部门
65	DB62/T 3159-2019	高延性混凝土应用技术标准		2019-2-26	2019-4-1	J 14601-2019	甘肃省住房和城乡建设厅 甘肃省市场监督管理局
66	DB62/T 3160-2019	甘肃省铁路工程绿色施工验收及评价标准		2019-2-26	2019-5-1	J 14602-2019	甘肃省住房和城乡建设厅 甘肃省市场监督管理局
67	DB62/T 3161-2019	高原旱区园林绿化养护及验收标准		2019-3-11	2019-5-1	J 14603-2019	甘肃省住房和城乡建设厅 甘肃省市场监督管理局
68	DB62/T 3158-2019	表面增强竖丝复合岩棉板(PRR)建筑保温墙应用技术规程		2019-2-26	2019-5-1	J 14604-2019	甘肃省住房和城乡建设厅 甘肃省市场监督管理局
69	DB62/T 3163-2019	灌注桩后注浆施工技术规程		2019-4-1	2019-6-1	J 14686-2019	甘肃省住房和城乡建设厅 甘肃省市场监督管理局
70	DB62/T 3164-2019	空气源热泵供暖系统工程技术规程		2019-4-1	2019-6-1	J 14687-2019	甘肃省住房和城乡建设厅 甘肃省市场监督管理局
71	DB62/T 3166-2019	建筑机电工程抗震支吊架技术标准		2019-5-27	2019-8-1	J 14725-2019	甘肃省住房和城乡建设厅 甘肃省市场监督管理局
72	DB62/T 3165-2019	聚对亚苯基饭外墙外保温系统应用规程		2019-5-27	2019-8-1	J 14726-2019	甘肃省住房和城乡建设厅 甘肃省市场监督管理局
73	DB62/T 3167-2019	冲击弹性波法检测评定预应力孔道压浆密实度技术规程		2019-7-4	2019-10-1	J 14796-2019	甘肃省住房和城乡建设厅 甘肃省市场监督管理局
74	DB62/T 3168-2019	冲击回波法检测混凝土厚度和缺陷技术规程		2019-7-4	2019-10-1	J 14797-2019	甘肃省住房和城乡建设厅 甘肃省市场监督管理局
75	DB62/T 3169-2019	注塑夹芯复合保温砌块墙体工程技术规程		2019-7-18	2019-10-1	J 14810-2019	甘肃省住房和城乡建设厅 甘肃省市场监督管理局
76	DB62/T 3170-2019	氧化镁膨胀剂、水化热抑制剂用于混凝土收缩裂缝控制技术规程		2019-7-18	2019-11-1	J 14811-2019	甘肃省住房和城乡建设厅 甘肃省市场监督管理局

续表

序号	标准编号	标准名称	被代替标准编号	发布日期	实施日期	备案号	批准部门
77	DB62/T 3171-2019	双向螺旋挤土灌注桩技术规程		2019-7-18	2019-11-1	J14812-2019	甘肃省住房和城乡建设厅
78	DB62/T 3172-2019	钢筋网架保温板复合剪力墙结构CL建筑体系技术规程		2019-7-18	2019-11-1	J14813-2019	甘肃省住房和城乡建设厅
79	DB62/T 3173-2019	蒸压砂加气墙板施工规程		2019-8-13	2019-11-1	J14872-2019	甘肃省住房和城乡建设厅
80	DB62/T 3174-2019	蒸压砂加气砌块干砌法施工规程		2019-8-13	2019-11-1	J14873-2019	甘肃省住房和城乡建设厅
81	DB62/T 3175-2019	强夯法处理黄土地基技术规程		2019-8-13	2019-11-1	J14874-2019	甘肃省住房和城乡建设厅
82	DB62/T 3176-2019	建筑节能与结构一体化墙体保温系统应用技术规程		2019-9-4	2019-11-1	J14875-2019	甘肃省住房和城乡建设厅
83	DB62/T 3074-2019	岩棉外墙外保温系统应用技术规程	DB62/T 25-3074-2013	2019-9-4	2019-12-1	J12521-2019	甘肃省住房和城乡建设厅
84	DBJ/T 15-38-2019	建筑地基处理技术规范	DBJ 15-38-2005	2019-2-18	2019-5-1	J10523-2019	广东省住房和城乡建设厅
85	DBJ/T 15-60-2019	建筑地基基础检测规范	DBJ/T 15-60-2008	2019-5-20	2019-9-1	J11189-2019	广东省住房和城乡建设厅
86	DBJ/T 15-151-2019	建筑工程混凝土结构抗震性能设计规程		2019-5-20	2019-9-1	J14683-2019	广东省住房和城乡建设厅
87	DBJ/T 15-152-2019	建筑地基基础施工规范		2019-5-20	2019-9-1	J14684-2019	广东省住房和城乡建设厅
88	DBJ/T 15-153-2019	广东省建设项目全过程造价管理规范		2019-6-25	2019-8-1	J14685-2019	广东省住房和城乡建设厅
89	DBJ/T 15-154-2019	建筑风环境测试与评价标准		2019-6-25	2019-10-1	J14739-2019	广东省住房和城乡建设厅
90	DBJ/T 15-155-2019	装配式混凝土建筑深化设计技术规程		2019-6-25	2019-10-1	J14740-2019	广东省住房和城乡建设厅

续表

序号	标准编号	标准名称	被代替标准编号	发布日期	实施日期	备案号	批准部门
91	DBJ/T 15-156-2019	内河沉管隧道管养技术规范		2019-7-8	2019-11-1	J 14743-2019	广东省住房和城乡建设厅
92	DBJ/T 15-161-2019	城市轨道交通基于建筑信息模型(BIM)的设备设施管理编码规范		2019-8-5	2019-11-1	J 14775-2019	广东省住房和城乡建设厅
93	DBJ/T 15-160-2019	城市轨道交通建筑信息模型(BIM)建模与交付标准		2019-8-5	2019-11-1	J 14776-2019	广东省住房和城乡建设厅
94	DBJ/T 15-158-2019	地基基础检测与监测远程监控技术规范		2019-7-25	2019-11-1	J 14777-2019	广东省住房和城乡建设厅
95	DBJ/T 15-159-2019	建筑废弃物再生集料应用技术规范		2019-7-25	2019-11-1	J 14778-2019	广东省住房和城乡建设厅
96	DBJ/T 15-157-2019	透水沥青混凝土路面技术规程		2019-7-25	2019-11-1	J 14779-2019	广东省住房和城乡建设厅
97	DBJ/T 15-63-2019	预应力混凝土管桩啮合式机械连接技术规程	DBJ 15-63-2008	2019-7-25	2019-11-1	J 11340-2019	广东省住房和城乡建设厅
98	DBJ/T 15-162-2019	建筑基坑施工监测技术标准		2019-8-19	2019-11-1	J 14798-2019	广东省住房和城乡建设厅
99	DBJ/T 15-98-2019	建筑施工承插型套扣式钢管脚手架安全技术规程	DBJ 15-98-2014	2019-8-13	2019-11-1	J 12622-2019	广东省住房和城乡建设厅
100	DBJ/T 15-163-2019	装配式建筑评价标准		2019-8-26	2019-10-1	J 14805-2019	广东省住房和城乡建设厅
101	DBJ/T 15-164-2019	智慧灯杆技术规范		2019-8-30	2019-10-1	J 14806-2019	广东省住房和城乡建设厅
102	DBJ/T 15-165-2019	南粤古驿道标识系统规划建设技术规范		2019-9-30	2019-12-1	J 14862-2019	广东省住房和城乡建设厅
103	DBJ/T 15-166-2019	广东省绿色校园评价标准		2019-9-30	2019-12-1	J 14863-2019	广东省住房和城乡建设厅
104	DBJ/T 15-167-2019	生活垃圾卫生填埋场库区施工验收技术规范		2019-9-30	2019-12-1	J 14864-2019	广东省住房和城乡建设厅
105	DBJ/T 15-168-2019	广东省建筑节能管理信息数据元		2019-9-30	2019-12-1	J 14865-2019	广东省住房和城乡建设厅
106	DBJ/T 15-169-2019	装配式市政桥梁工程技术规范		2019-9-30	2019-12-1	J 14866-2019	广东省住房和城乡建设厅

附 录

续表

序号	标准编号	标准名称	被代替标准编号	发布日期	实施日期	备案号	批准部门
107	DBJ/T 15-170-2019	钢结构施工及质量验收规程		2019-11-5	2020-1-1	J 14912-2019	广东省住房和城乡建设厅
108	DBJ/T 15-171-2019	装配式混凝土建筑工程施工质量验收规范		2019-11-18	2020-1-1	J 14913-2019	广东省住房和城乡建设厅
109	DBJ/T 15-172-2019	胶轮有轨电车交通系统设计规范		2019-11-24	2020-1-1	J 14919-2019	广东省住房和城乡建设厅
110	DBJ/T 15-173-2019	胶轮有轨电车交通系统施工及验收规范		2019-11-24	2020-1-1	J 14920-2019	广东省住房和城乡建设厅
111	DBJ/T 15-174-2019	广东省生活垃圾焚烧厂运营管理规范		2019-12-9	2020-3-1	J 14940-2019	广东省住房和城乡建设厅
112	DBJ/T 15-175-2019	装配式铝合金低层房屋技术规程		2019-12-9	2020-3-1	J 14941-2019	广东省住房和城乡建设厅
113	DBJ/T 45-076-2018	既有住宅加装电梯设计导则		2019-1-7	2019-3-1	J 14550-2019	广西壮族自治区住房和城乡建设厅
114	DBJ/T 45-013-2019	低影响开发雨水控制及利用工程设计规范	DBJ/T 45-013-2016	2019-3-14	2019-6-1	J 13320-2019	广西壮族自治区住房和城乡建设厅
115	DBJ/T 45-081-2019	建筑环境数值模拟技术规程		2019-4-17	2019-6-1	J 14652-2019	广西壮族自治区住房和城乡建设厅
116	DBJ/T 45-082-2019	岩溶地区桩基技术规范		2019-4-17	2019-6-1	J 14653-2019	广西壮族自治区住房和城乡建设厅
117	DBJ/T 45-083-2019	装配式旋压扩大头钢管桩技术规程		2019-4-17	2019-6-1	J 14654-2019	广西壮族自治区住房和城乡建设厅
118	DBJ/T 45-086-2019	全装修住宅室内装饰装修设计标准		2019-6-20	2019-9-1	J 14765-2019	广西壮族自治区住房和城乡建设厅
119	DBJ/T 45-084-2019	绿色建筑运行维护技术规范		2019-5-29	2019-9-1	J 14766-2019	广西壮族自治区住房和城乡建设厅

续表

序号	标准编号	标准名称	被代替标准编号	发布日期	实施日期	备案号	批准部门
120	DBJ/T 45-085-2019	全装修住宅室内装饰装修工程质量验收标准		2019-5-29	2019-9-1	J 14793-2019	广西壮族自治区住房和城乡建设厅
121	DBJ/T 45-077-2018	城镇建筑垃圾资源化利用技术规程		2019-8-9	2019-10-1	J 14856-2019	广西壮族自治区住房和城乡建设厅
122	DBJ/T 45-087-2018	民用建筑工程楼板隔声技术规程		2019-6-25	2019-9-1	J 14890-2019	广西壮族自治区住房和城乡建设厅
123	DBJ/T 45-088-2018	田园综合体建设规范		2019-6-25	2019-9-1	J 14891-2019	广西壮族自治区住房和城乡建设厅
124	DBJ/T 45-089-2018	地域性传统村落景观资源类型评定标准		2019-6-25	2019-9-1	J 14892-2019	广西壮族自治区住房和城乡建设厅
125	DBJ/T 45-091-2019	预制装配式地下综合管廊技术规程		2019-11-1	2020-10-1	J 14932-2019	广西壮族自治区住房和城乡建设厅
126	DBJ/T 45-095-2019	居住建筑节能65%设计标准		2019-12-12	2020-2-1	J 15057-2020	广西壮族自治区住房和城乡建设厅
127	DBJ/T 45-096-2019	公共建筑节能65%设计标准		2019-12-12	2020-2-1	J 15058-2020	广西壮族自治区住房和城乡建设厅
128	DBJ/T 45-097-2019	城镇市容环境卫生劳动定额		2019-12-12	2020-2-1	J 15059-2020	广西壮族自治区住房和城乡建设厅
129	DBJ/T 45-092-2019	城市综合管廊工程施工规范		2019-11-15	2020-1-1	J 15065-2020	广西壮族自治区住房和城乡建设厅
130	DBJ/T 45-093-2019	混凝土超高泵送施工技术规程		2019-11-15	2020-1-1	J 15066-2020	广西壮族自治区住房和城乡建设厅
131	DBJ/T 45-094-2019	装配式外挂墙板应用标准		2019-11-15	2020-1-1	J 15067-2020	广西壮族自治区住房和城乡建设厅

附　录

续表

序号	标准编号	标准名称	被代替标准编号	发布日期	实施日期	备案号	批准部门
132	DBJ 52/T 093-2019	磷石膏建筑材料应用技术规范		2019-8-9	2018-9-1	J 14771-2019	贵州省住房和城乡建设厅
133	DBJ 52/T 091-2019	贵州省建筑与市政工程施工现场试验员、测量员和混凝土实验员职业标准		2019-2-2	2019-5-1	J 14807-2019	贵州省住房和城乡建设厅
134	DBJ 52/T 092-2019	胶轮有轨电车交通系统设计规范		2019-7-31	2019-9-1	J 14808-2019	贵州省住房和城乡建设厅
135	DBJ 52/T 094-2019	贴膜中空玻璃应用技术规程		2019-8-14	2019-9-1	J 14817-2019	贵州省住房和城乡建设厅
136	DBJ 52/T 095-2019	胶轮有轨电车交通系统工程施工及质量验收规范		2019-10-8	2018-11-1	J 14906-2019	贵州省住房和城乡建设厅
137	DBJ 52/T 096-2019	城市轨道交通建工工程施工质量验收标准		2019-11-4	2020-1-1	J 14907-2019	贵州省住房和城乡建设厅
138	DBJ 52/T 097-2019	贵州省建筑物信息基础设施建设规范		2019-10-25	2020-1-1	J 14908-2019	贵州省住房和城乡建设厅
139	DBJ 52/T 043-2019	超声回弹综合法检测山砂混凝土强度技术规程	DB22/43-2004	2019-10-8	2019-11-1	J 10669-2020	贵州省住房和城乡建设厅
140	DBJ 46-018-2019	海南省预拌混凝土应用技术规范	DBJ 18-2011	2019-1-24	2019-4-1	J 11912-2019	海南省住房和城乡建设厅
141	DBJ 46-050-2019	海南省建筑物移动通信基础设施建设技术标准		2019-2-26	2019-4-1	J 14576-2019	海南省住房和城乡建设厅
142	DBJ 46-051-2019	海南省建设工程人工材料设备机械数据标准		2019-5-10	2019-7-1	J 14715-2019	海南省住房和城乡建设厅
143	DBJ 46-041-2019	海南省电动汽车充电设施建设技术标准	DBJ 46-041-2016	2019-8-27	2019-10-1	J 13746-2019	海南省住房和城乡建设厅 海南省消防救援总队
144	DBJ 46-025-2019	海南省住宅建筑交通设施工程建设标准	DBJ 46-025-2013	2019-12-26	2020-4-1	J 12304-2020	海南省住房和城乡建设厅
145	DB13(J)/T 289-2019	小客车专用钢格栅桥梁技术规程		2019-1-3	2019-4-1	J 14526-2019	河北省住房和城乡建设厅

续表

序号	标准编号	标准名称	被代替标准编号	发布日期	实施日期	备案号	批准部门
146	DB13(J)/T 290-2019	等厚夹芯复合墙应用技术规程	DB13(J)/T 117-2011	2019-1-3	2019-4-1	J 11800-2019	河北省住房和城乡建设厅
147	DB13(J)/T 291-2019	钢丝网片组合保温板应用技术规程		2019-1-17	2019-4-1	J 14581-2019	河北省住房和城乡建设厅
148	DB13(J)/T 293-2019	陈列展览工程技术规程		2019-1-24	2019-5-1	J 14582-2019	河北省住房和城乡建设厅
149	DB13(J)/T 219-2019	燕尾槽型轻质复合保温板应用技术规程	DB13(J)/T 219-2017	2019-1-24	2019-4-1	J 13731-2019	河北省住房和城乡建设厅
150	DB13(J)/T 294-2019	硅塑保温复合板应用技术规程		2019-3-14	2019-6-1	J 14598-2019	河北省住房和城乡建设厅
151	DB13(J)/T 296-2019	既有住宅加装电梯技术规程		2019-3-14	2019-6-1	J 14618-2019	河北省住房和城乡建设厅
152	DB13(J)/T 299-2019	园林植物与种植工程检测技术规程		2019-3-21	2019-6-1	J 14619-2019	河北省住房和城乡建设厅
153	DB13(J)/T 295-2019	既有住宅建筑综合改造技术规程		2019-3-14	2019-6-1	J 14620-2019	河北省住房和城乡建设厅
154	DB13(J)/T 298-2019	斜向条形槽保温复合板应用技术规程		2019-3-21	2019-6-1	J 14621-2019	河北省住房和城乡建设厅
155	DB13(J)/T 297-2019	农村危房改造基本安全技术规程		2019-3-14	2019-6-1	J 14622-2019	河北省住房和城乡建设厅
156	DB13(J)/T 301-2019	基桩内力测试技术规程		2019-4-8	2019-7-1	J 14648-2019	河北省住房和城乡建设厅
157	DB13(J)/T 302-2019	干混料复合保温板应用技术规程		2019-4-23	2019-8-1	J 14682-2019	河北省住房和城乡建设厅
158	DB13(J)/T 292-2019	大体积混凝土跳仓跳法应用技术规程		2019-1-24	2019-5-1	J 14693-2019	河北省住房和城乡建设厅
159	DB13(J)/T 8309-2019	建筑施工拉杆式悬挑钢管脚手架安全技术规程		2019-5-14	2019-8-1	J 14703-2019	河北省住房和城乡建设厅
160	DB13(J)/T 8312-2019	智慧工地建设技术标准		2019-5-28	2019-8-1	J 14704-2019	河北省住房和城乡建设厅
161	DB13(J)/T 303-2019	岩棉复合保温网架板应用技术规程		2019-4-23	2019-8-1	J 14705-2019	河北省住房和城乡建设厅
162	DB13(J)/T 8310-2019	绿色建筑工程验收标准		2019-5-28	2019-8-1	J 14733-2019	河北省住房和城乡建设厅
163	DB13(J)/T 8311-2019	民用建筑节能工程施工质量验收标准		2019-5-28	2019-8-1	J 14734-2019	河北省住房和城乡建设厅
164	DB13(J)/T 8313-2019	后置金属网保温复合板应用技术规程	DB13(J)/T 199-2015	2019-6-5	2019-9-1	J 13277-2019	河北省住房和城乡建设厅

续表

序号	标准编号	标准名称	被代替标准编号	发布日期	实施日期	备案号	批准部门
165	DB13(J)/T 8314-2019	内置平行钢丝网架保温板复合墙技术规程		2019-6-11	2019-9-1	J14738-2019	河北省住房和城乡建设厅
166	DB13(J)/T 305-2019	硅铝聚合土应用技术标准		2019-4-23	2019-8-1	J14753-2019	河北省住房和城乡建设厅
167	DB13(J)/T 8317-2019	多点振动微型挤密桩复合地基技术规程		2019-7-9	2019-10-1	J14754-2019	河北省住房和城乡建设厅
168	DB13(J)/T 8316-2019	分体式地埋管地源热泵系统工程技术标准		2019-6-27	2019-10-1	J14760-2019	河北省住房和城乡建设厅
169	DB13(J)/T 8318-2019	双面沟槽复合保温板应用技术规程		2019-7-10	2019-10-1	J14761-2019	河北省住房和城乡建设厅
170	DB13(J)/T 8319-2019	梯形槽复合保温板应用技术规程		2019-7-10	2019-10-1	J14762-2019	河北省住房和城乡建设厅
171	DB13(J)/T 8320-2019	建筑施工重大安全事故隐患判定标准		2019-7-26	2019-10-1	J14764-2019	河北省住房和城乡建设厅
172	DB13(J)/T 8315-2019	燃气企业安全生产风险辨识、评价与管控技术规程		2019-6-27	2019-10-1	J14789-2019	河北省住房和城乡建设厅
173	DB13(J)/T 306-2019	屈曲约束支撑结构技术标准		2019-4-26	2019-8-1	J14816-2019	河北省住房和城乡建设厅
174	DB13(J)/T 8321-2019	装配式建筑评价标准		2019-8-2	2019-10-1	J14840-2019	河北省住房和城乡建设厅
175	DB13(J)/T 8323-2019	被动式超低能耗建筑评价标准		2019-9-9	2019-10-1	J14841-2019	河北省住房和城乡建设厅
176	DB13(J)/T 8324-2019	被动式超低能耗建筑节能检测标准		2019-9-9	2019-10-1	J14842-2019	河北省住房和城乡建设厅
177	DB13(J)/T 8322-2019	刚性内撑复合保温板应用技术标准		2019-9-9	2019-12-1	J14843-2019	河北省住房和城乡建设厅
178	DB13(J)/T 8325-2019	城市轨道交通工程监测技术标准		2019-10-19	2019-12-1	J14882-2019	河北省住房和城乡建设厅
179	DB13(J)/T 8308-2019	装配式钢骨架模塑墙板应用技术规程		2019-5-9	2019-8-1	J14911-2019	河北省住房和城乡建设厅
180	DB13(J)/T 8326-2019	村镇易地搬迁安置房屋质量标准		2019-10-29	2019-12-1	J14918-2019	河北省住房和城乡建设厅
181	DB13(J)8330-2019	雄安新区地下空间消防安全技术标准		2019-12-30	2020-3-1	J14966-2019	河北省住房和城乡建设厅

续表

序号	标准编号	标准名称	被代替标准编号	发布日期	实施日期	备案号	批准部门
182	DB13(J)/T 8327-2019	装配式混凝土结构建筑检测技术标准		2019-12-9	2020-2-1	J 15011-2020	河北省住房和城乡建设厅
183	DB13(J)/T 8328-2019	农村住宅设计标准		2019-12-21	2020-3-1	J 15012-2020	河北省住房和城乡建设厅
184	DB13(J)/T 8329-2019	市政老旧管网改造技术标准		2019-12-9	2020-1-1	J 15013-2020	河北省住房和城乡建设厅
185	DB13(J)/T 8161-2019	建设工程监理工作标准	DB13(J)/T 161-2014	2019-12-9	2020-2-1	J 12728-2020	河北省住房和城乡建设厅
186	DB13(J)/T 8053-2019	市政基础设施施工工程施工质量验收统一标准	DB13(J)53-2005	2019-12-9	2020-3-1	J 10759-2020	河北省住房和城乡建设厅
187	DB13(J)/T 8054-2019	市政基础设施施工工程施工质量验收通用标准	DB13(J)54-2005	2019-12-9	2020-3-1	J 10760-2020	河北省住房和城乡建设厅
188	DB13(J)/T 8056-2019	市政给水管道工程施工质量验收标准	DB13(J)56-2005	2019-12-9	2020-3-1	J 10762-2020	河北省住房和城乡建设厅
189	DB13(J)/T 8057-2019	市政排水管渠工程施工质量验收标准	DB13(J)57-2005	2019-12-9	2020-3-1	J 10763-2020	河北省住房和城乡建设厅
190	DB13(J)/T 8060-2019	城镇供热管道及设备安装工程施工质量验收标准	DB13(J)60-2006	2019-12-9	2020-3-1	J 10930-2020	河北省住房和城乡建设厅
191	DB13(J)/T 8061-2019	城镇燃气管道及设备安装工程施工质量验收标准	DB13(J)61-2006	2019-12-9	2020-3-1	J 10929-2020	河北省住房和城乡建设厅
192	DB13(J)/T 8331-2019	住宅物业服务等级标准		2019-12-19	2020-4-1	J 15014-2020	河北省住房和城乡建设厅
193	DB13(J)/T 8335-2019	城市社区养老服务设施设计标准		2019-12-23	2020-4-1	J 15027-2020	河北省住房和城乡建设厅
194	DBJ41/T 207-2018	河南省既有居住建筑加装电梯技术标准		2019-1-10	2019-3-1	J 14577-2019	河南省住房和城乡建设厅
195	DBJ41/T 213-2019	蒸压加气混凝土自保温墙体农房技术标准		2019-3-22	2019-5-1	J 14630-2019	河南省住房和城乡建设厅

附 录

续表

序号	标准编号	标准名称	被代替标准编号	发布日期	实施日期	备案号	批准部门
196	DBJ41/T 212-2019	装配式混凝土夹芯保温外挂墙板应用技术标准		2019-3-22	2019-5-1	J 14631-2019	河南省住房和城乡建设厅
197	DBJ41/T 210-2019	建筑垃圾再生骨料应用技术标准		2019-4-10	2019-5-1	J 14639-2019	河南省住房和城乡建设厅
198	DBJ41/T 2-14-2018	非固化橡胶沥青防水涂料与防水卷材复合防水技术标准		2019-4-11	2019-5-1	J 14640-2019	河南省住房和城乡建设厅
199	DBJ41/T 216-2019	河南省成品住宅评价标准		2019-5-12	2019-6-1	J 14680-2019	河南省住房和城乡建设厅
200	DBJ41/T 218-2019	城市地下道路工程设计标准		2019-5-27	2019-7-1	J 14710-2019	河南省住房和城乡建设厅
201	DBJ41/T 215-2019	碳纤维发热电缆地面辐射供暖技术标准		2019-5-22	2019-8-1	J 14711-2019	河南省住房和城乡建设厅
202	DBJ41/T 219-2019	轨道交通基坑工程钢管支撑施工技术标准		2019-5-27	2019-7-1	J 14712-2019	河南省住房和城乡建设厅
203	DBJ41/T 222-2019	河南省装配式建筑评价标准		2019-5-27	2019-7-1	J 14716-2019	河南省住房和城乡建设厅
204	DBJ41/T 211-2019	基坑工程设计文件编制标准		2019-3-22	2019-5-1	J 14632-2019	河南省住房和城乡建设厅
205	DBJ41/T 217-2019	悬挂式单轨交通技术标准		2019-4-4	2019-6-1	J 14636-2019	河南省住房和城乡建设厅
206	DBJ41/T 209-2019	河南省海绵城市建设技术标准		2019-4-4	2019-6-1	J 14647-2019	河南省住房和城乡建设厅
207	DBJ41/T 220-2019	城市轨道交通工程测量标准		2019-5-27	2019-7-1	J 14717-2019	河南省住房和城乡建设厅
208	DBJ41/T 223-2019	城市桥梁安全防护设施设置标准		2019-6-4	2019-7-1	J 14741-2019	河南省住房和城乡建设厅
209	DBJ41/T 227-2019	胶轮有轨电车交通系统技术标准		2019-8-22	2019-10-1	J 14870-2019	河南省住房和城乡建设厅
210	DBJ41/T 112-2019	混凝土保温幕墙工程技术标准		2019-11-26	2020-1-1	J 14931-2019	河南省住房和城乡建设厅
211	DBJ41/T 224-2019	城市地下道路养护维修作业安全技术标准		2019-12-16	2020-3-1	J 15037-2020	河南省住房和城乡建设厅
212	DBJ41/T 225-2019	建筑施工斜拉悬挑式卸料平台安全技术标准		2019-12-16	2020-3-1	J 15038-2020	河南省住房和城乡建设厅

续表

序号	标准编号	标准名称	被代替标准编号	发布日期	实施日期	备案号	批准部门
213	DBJ41/T 228-2019	房屋建筑施工现场安全资料管理标准		2019-12-16	2020-3-1	J 15039-2020	河南省住房和城乡建设厅
214	DB23/T 2278-2018	叠合整体式预制综合管廊工程技术规程		2019-1-2	2019-2-2	J 14518-2019	黑龙江省住房和城乡建设厅
215	DB23/T 2277-2018	被动式低能耗居住建筑设计标准		2019-1-2	2019-2-2	J 14574-2019	黑龙江省住房和城乡建设厅
216	DB23/1270-2019	黑龙江省居住建筑节能设计标准	DB23/1270-2018	2019-11-26	2020-7-1	J 14381-2019	黑龙江省住房和城乡建设厅
217	DB23/T 1453-2019	黑龙江省住宅小区有线数字电视工程技术规程	DB23/T 1453-2011	2019-10-11	2019-12-1	J 11847-2019	黑龙江省住房和城乡建设厅
218	DB23/T 1359-2019	承重混凝土多孔砖建筑技术规程	DB23/T 1359-2010	2019-11-8	2019-12-8	J 14893-2019	黑龙江省住房和城乡建设厅
219	DB23/T 2473-2019	黑龙江省建筑外墙用真空绝热板（STP）应用技术规程		2019-11-8	2019-12-8	J 14894-2019	黑龙江省住房和城乡建设厅
220	DB23/T 2418-2019	黑龙江省建筑工程质量鉴定技术标准		2019-12-9	2020-2-1	J 14935-2019	黑龙江省住房和城乡建设厅
221	DB23/T 2417-2019	住宅厨房和卫生间排气系统应用技术规程		2019-12-9	2020-2-1	J 14936-2019	黑龙江省住房和城乡建设厅
222	DB23/T 902-2019	建筑地基基础设计规程	DB23/T 902-2005	2019-12-31	2020-2-1	J 15015-2020	黑龙江省住房和城乡建设厅
223	DB42/T 1481-2018	湖北省纸质城建档案数字化技术规程		2019-1-7	2019-1-30	J 14555-2019	湖北省住房和城乡建设厅 湖北省市场监督管理局
224	DB42/T 1483-2018	装配整体式混凝土叠合剪力墙结构技术规程		2019-1-18	2019-3-1	J 14556-2019	湖北省住房和城乡建设厅 湖北省市场监督管理局
225	DB42/T 1488-2018	岩石与混凝土自锁锚锚固技术规程		2019-2-1	2019-2-26	J 14592-2019	湖北省住房和城乡建设厅 湖北省市场监督管理局
226	DB42/T 1477-2018	城镇沥青路面就地热再生技术规程		2019-1-29	2019-2-26	J 14593-2019	湖北省住房和城乡建设厅 湖北省市场监督管理局

续表

序号	标准编号	标准名称	被代替标准编号	发布日期	实施日期	备案号	批准部门
227	DB42/T 1489-2018	后浇清水混凝土技术规程		2019-2-1	2019-2-26	J 14594-2019	湖北省住房和城乡建设厅 湖北省市场监督管理局
228	DB42/T 1499-2019	智慧社区 智慧家庭入户设备通信及控制总线通用技术要求		2019-4-18	2019-5-28	J 14691-2019	湖北省住房和城乡建设厅 湖北省市场监督管理局
229	DB42/T 1500-2019	智慧社区 智慧家庭住租混合型小区安全防范系统通用技术要求		2019-4-18	2019-5-28	J 14692-2019	湖北省住房和城乡建设厅 湖北省市场监督管理局
230	DB42/T 1516-2019	建筑箱式同层排水工程技术标准		2019-6-5	2019-7-8	J 14709-2019	湖北省住房和城乡建设厅 湖北省市场监督管理局
231	DB42/T 1501-2019	承插盘式球墨铸铁检查井盖技术标准		2019-6-19	2019-7-8	J 14727-2019	湖北省住房和城乡建设厅 湖北省市场监督管理局
232	DB42/T 1513-2019	城市综合管廊标识标志设置规范		2019-6-20	2019-7-8	J 14728-2019	湖北省住房和城乡建设厅 湖北省市场监督管理局
233	DB42/T 875-2019	湖北省城镇地下管线探测技术规程	DB42/T 875-2013	2019-6-19	2019-7-8	J 12311-2019	湖北省住房和城乡建设厅 湖北省市场监督管理局
234	DB42/T 1511-2019	湖北省建设工程电子文件与电子档案管理规范		2019-6-18	2019-7-8	J 14729-2019	湖北省住房和城乡建设厅 湖北省市场监督管理局
235	DB42/T 1515-2019	综合管廊智能监控系统集成技术规范		2019-6-20	2019-7-8	J 14730-2019	湖北省住房和城乡建设厅 湖北省市场监督管理局
236	DBJ43/T 336-2019	低层装配式模塑钢骨架墙板建筑技术规程		2019-1-4	2019-5-1	J 14562-2019	湖南省住房和城乡建设厅
237	DBJ43/T 203-2019	湖南省装配式建筑混凝土预制构件制作与验收标准		2019-1-4	2019-5-1	J 14563-2019	湖南省住房和城乡建设厅

续表

序号	标准编号	标准名称	被代替标准编号	发布日期	实施日期	备案号	批准部门
238	DBJ43/T 337-2019	现浇泡沫混凝土复合墙体技术规程		2019-1-4	2019-5-1	J14564-2019	湖南省住房和城乡建设厅
239	DBJ43/T 202-2019	湖南省建筑节能工程施工质量验收规范		2019-1-4	2019-5-1	J14565-2019	湖南省住房和城乡建设厅
240	DBJ43/T 504-2019	超高层建筑施工现场消防安全技术规程		2019-1-4	2019-5-1	J14566-2019	湖南省住房和城乡建设厅
241	DBJ43/T 338-2019	玻纤增强无机材料复合保温墙板应用技术规程		2019-1-4	2019-5-1	J14567-2019	湖南省住房和城乡建设厅
242	DBJ43/T 339-2019	湖南省改性聚苯颗粒混凝土工程应用技术规程		2019-2-27	2019-7-1	J14633-2019	湖南省住房和城乡建设厅
243	DBJ43/T 340-2019	湖南省陶粒混凝土保温砌块与陶粒混凝土保温砖建筑技术规程		2019-2-27	2019-7-1	J14634-2019	湖南省住房和城乡建设厅
244	DBJ43/T 341-2019	湖南省轻钢钢模网改性聚苯颗粒混凝土结构技术规程		2019-3-13	2019-8-1	J14635-2019	湖南省住房和城乡建设厅
245	DBJ43/T 204-2019	湖南省绿色建筑工程验收标准		2019-3-13	2019-8-1	J14673-2019	湖南省住房和城乡建设厅
246	DBJ43/T 342-2019	湖南省装配整体式混凝土叠合剪力墙结构技术规程		2019-4-12	2019-9-1	J14674-2019	湖南省住房和城乡建设厅
247	DBJ43/T 343-2019	湖南省细胞制备建筑技术规范		2019-5-23	2019-11-1	J14767-2019	湖南省住房和城乡建设厅
248	DBJ43/T 505-2019	湖南省房产共享数据标准		2019-6-17	2019-12-1	J14769-2019	湖南省住房和城乡建设厅
249	DBJ43/T 344-2019	湖南省既有多层住宅建筑增设电梯工程技术规程		2019-6-17	2019-12-1	J14770-2019	湖南省住房和城乡建设厅
250	DBJ43/T 102-2019	湖南省建筑工程施工现场监管信息系统技术标准		2019-5-23	2019-11-1	J14768-2019	湖南省住房和城乡建设厅
251	DBJ43/T 345-2019	多层房屋钢筋沥青基础隔震技术规程	DBJ43/T 304-2014	2019-7-5	2019-12-1	J12710-2019	湖南省住房和城乡建设厅

续表

序号	标准编号	标准名称	被代替标准编号	发布日期	实施日期	备案号	批准部门
252	DBJ43/T 346-2019	湖南省建筑工程竣工综合测量和建筑面积计算技术规程		2019-8-15	2020-2-1	J14824-2019	湖南省住房和城乡建设厅
253	DBJ43/T 347-2019	湖南省透水混凝土路面应用技术规程		2019-8-5	2020-2-1	J14825-2019	湖南省住房和城乡建设厅
254	DBJ43/T 348-2019	湖南省可调快装式轻钢轻混凝土复合保温墙体应用技术规程		2019-8-9	2020-2-1	J14826-2019	湖南省住房和城乡建设厅
255	DBJ43/T 349-2019	湖南省水性节能环保装饰一体涂料建筑应用技术规程		2019-8-8	2020-2-1	J14827-2019	湖南省住房和城乡建设厅
256	DBJ43/T 350-2019	湖南省多层装配式后浇接缝混凝土夹心墙板建筑技术规程		2019-8-9	2020-2-1	J14828-2019	湖南省住房和城乡建设厅
257	DBJ43/T 506-2019	湖南省建筑钢结构检测与可靠性鉴定规程		2019-8-9	2020-2-1	J14829-2019	湖南省住房和城乡建设厅
258	DBJ43/T 351-2019	装配式空腹楼盖钢网格式结构技术规程		2019-8-30	2020-3-1	J14844-2019	湖南省住房和城乡建设厅
259	DBJ43/T 352-2019	高延性高强冷轧带肋钢筋应用技术标准		2019-8-30	2020-3-1	J14845-2019	湖南省住房和城乡建设厅
260	DBJ43/T 507-2019	湖南省建筑物移动通信基础设施建设标准		2019-9-19	2020-3-1	J14930-2019	湖南省住房和城乡建设厅
261	DBJ43/T 009-2019	湖南省幼儿园建设标准		2019-12-18	2020-6-1	J15061-2020	湖南省住房和城乡建设厅
262	DB22/T 5015-2019	再生骨料道路基层工程技术标准		2019-4-8	2019-4-8	J14641-2019	吉林省住房和城乡建设厅 吉林省市场监督管理厅
263	DB22/T 5016-2019	市政工程资料管理标准		2019-4-8	2019-5-1	J14642-2019	吉林省住房和城乡建设厅 吉林省市场监督管理厅

序号	标准编号	标准名称	被代替标准编号	发布日期	实施日期	备案号	批准部门
264	DB22/T 5017-2019	建筑废弃物再生骨料应用技术标准		2019-4-8	2019-4-8	J 14643-2019	吉林省住房和城乡建设厅 吉林省市场监督管理厅
265	DB22/T 5018-2019	真空绝热板外墙外保温工程技术标准		2019-4-8	2019-4-8	J 14644-2019	吉林省住房和城乡建设厅 吉林省市场监督管理厅
266	DB22/T 5019-2019	小型生活污水处理工程技术标准		2019-5-5	2019-5-5	J 14800-2019	吉林省住房和城乡建设厅 吉林省市场监督管理厅
267	DB22/T 5020-2019	城市轨道交通工程监测技术标准		2019-6-24	2019-7-1	J 14801-2019	吉林省住房和城乡建设厅 吉林省市场监督管理厅
268	DB22/T 5021-2019	Ⅱ型耐热聚乙烯(PE-RTⅡ)供热管道工程技术标准		2019-6-24	2019-6-24	J 14802-2019	吉林省住房和城乡建设厅 吉林省市场监督管理厅
269	DB22/T 5022-2019	金属装饰保温板外墙外保温工程技术标准		2019-6-24	2019-6-24	J 14803-2019	吉林省住房和城乡建设厅 吉林省市场监督管理厅
270	DB22/T 5023-2019	玻纤增强复合保温墙板应用技术标准		2019-6-24	2019-6-24	J 14804-2019	吉林省住房和城乡建设厅 吉林省市场监督管理厅
271	DB32/T 3689-2019	装配式混凝土建筑施工安全技术规程		2019-12-16	2020-3-1	J 14977-2020	江苏省市场监督管理局 江苏省住房和城乡建设厅
272	DB32/T 3690-2019	600MPa热处理、热轧带肋钢筋混凝土结构技术规程	DGJ32/TJ 202-2016	2019-12-16	2020-3-1	J 13424-2020	江苏省市场监督管理局 江苏省住房和城乡建设厅
273	DB32/T 3691-2019	成品住房装修技术标准	DGJ32/J 99-2010	2019-12-16	2020-3-1	J 11592-2020	江苏省市场监督管理局 江苏省住房和城乡建设厅
274	DB32/T 3692-2019	城市隧道照明设计标准		2019-12-16	2020-3-1	J 14978-2020	江苏省市场监督管理局 江苏省住房和城乡建设厅
275	DB32/T 3693-2019	电化学无损定量检测混凝土中钢筋锈蚀技术规程		2019-12-16	2020-3-1	J 14979-2020	江苏省市场监督管理局 江苏省住房和城乡建设厅

续表

序号	标准编号	标准名称	被代替标准编号	发布日期	实施日期	备案号	批准部门
276	DB32/T 3694-2019	房屋白蚁预防工程技术规程	DGJ32/TJ 115-2011	2019-12-16	2020-3-1	J11815-2020	江苏省市场监督管理局、江苏省住房和城乡建设厅
277	DB32/T 3695-2019	房屋面积测算技术规程	DGJ32/TJ 131-2011	2019-12-16	2020-3-1	J11973-2020	江苏省市场监督管理局、江苏省住房和城乡建设厅
278	DB32/T 3696-2019	江苏省高性能混凝土应用技术规程		2019-12-16	2020-3-1	J14980-2020	江苏省市场监督管理局、江苏省住房和城乡建设厅
279	DB32/T 3697-2019	既有建筑幕墙可靠性检验评估技术规程	DGJ32/J 63-2008	2019-12-16	2020-3-1	J14981-2020	江苏省市场监督管理局、江苏省住房和城乡建设厅
280	DB32/T 3698-2019	建筑电气防火设计标准		2019-12-16	2020-3-1	J14982-2020	江苏省市场监督管理局、江苏省住房和城乡建设厅
281	DB32/T 3699-2019	城市道路照明设施养护规程		2019-12-16	2020-3-1	J14983-2020	江苏省市场监督管理局、江苏省住房和城乡建设厅
282	DB32/T 3700-2019	江苏省城市轨道交通工程设计标准		2019-12-16	2020-3-1	J14984-2020	江苏省市场监督管理局、江苏省住房和城乡建设厅
283	DB32/T 3701-2019	江苏省城市自来水厂关键水质指标控制标准		2019-12-16	2020-3-1	J14985-2020	江苏省市场监督管理局、江苏省住房和城乡建设厅
284	DB32/T 3702-2019	江苏省日照分析技术规程		2019-12-16	2020-3-1	J14986-2020	江苏省市场监督管理局、江苏省住房和城乡建设厅
285	DB32/T 3703-2019	岩土工程勘察安全标准		2019-12-16	2020-3-1	J14987-2020	江苏省市场监督管理局、江苏省住房和城乡建设厅
286	DB32/T 3704-2019	预拌砂浆绿色生产管理技术规程		2019-12-16	2020-3-1	J14988-2020	江苏省市场监督管理局、江苏省住房和城乡建设厅
287	DB32/T 3705-2019	住宅区和住宅建筑内光纤到户通信设施施工及验收标准		2019-12-16	2020-3-1	J14989-2020	江苏省市场监督管理局、江苏省住房和城乡建设厅

续表

序号	标准编号	标准名称	被代替标准编号	发布日期	实施日期	备案号	批准部门
288	DB32/T 3706-2019	住宅装饰装修质量标准		2019-12-16	2020-3-1	J14990-2020	江苏省市场监督管理局、江苏省住房和城乡建设厅
289	DB32/T 3707-2019	装配式混凝土结构工程施工监理规程		2019-12-16	2020-3-1	J14991-2020	江苏省市场监督管理局、江苏省住房和城乡建设厅
290	DB32/T 3708-2019	装配式纤维增强水泥轻型挂板围护工程技术规程		2019-12-16	2020-3-1	J14992-2020	江苏省市场监督管理局、江苏省住房和城乡建设厅
291	DB32/3709-2019	防灾避难场所建设技术标准		2019-12-16	2020-3-1	J11842-2019	江苏省市场监督管理局、江苏省住房和城乡建设厅
292	DBJ/T 36-050-2019	绿色建筑工程验收标准		2019-8-23	2019-11-1	J14832-2019	江西省住房和城乡建设厅
293	DBJ/T 36-051-2019	江西省建筑施工扬尘检查标准		2019-11-13	2019-12-1	J14895-2019	江西省住房和城乡建设厅
294	DBJ/T 36-052-2019	装配式混凝土结构工程监理标准		2019-11-26	2020-1-1	J14933-2019	江西省住房和城乡建设厅
295	DBJ/T 36-054-2019	江西省城市地下综合管廊兼顾人防工程设计导则		2019-12-4	2020-2-1	J14937-2019	江西省住房和城乡建设厅
296	DBJ/T 36-047-2019	公共建筑用能检测系统工程技术标准		2019-4-10	2019-5-1	J14638-2019	江西省住房和城乡建设厅
297	DBJ/T 36-048-2019	混凝土模卡砌块应用技术标准		2019-7-9	2019-8-1	J14756-2019	江西省住房和城乡建设厅
298	DBJ/T 36-049-2019	热处理 630MPa 高强带肋钢筋(T63)混凝土结构技术标准		2019-7-16	2019-8-1	J14757-2019	江西省住房和城乡建设厅
299	DBJ/T 36-053-2019	江西省农村生活垃圾治理导则		2019-11-21	2020-1-1	J14934-2019	江西省住房和城乡建设厅
300	DB21/T 3101-2019	建筑工程混凝土结构防腐技术规程		2019-1-30	2019-3-1	J14599-2019	辽宁省住房和城乡建设厅
301	DB21/T 3122-2019	多联机空调系统工程技术规程		2019-3-30	2019-4-30	J14637-2019	辽宁省住房和城乡建设厅
302	DB21/T 2572-2019	装配式混凝土结构设计规程	DB21/T 2572-2016	2019-1-30	2019-3-1	J13407-2019	辽宁省住房和城乡建设厅
303	DB21/T 3113-2019	民用建筑门窗技术规程		2019-2-28	2019-3-28	J14678-2019	辽宁省住房和城乡建设厅

续表

序号	标准编号	标准名称	被代替标准编号	发布日期	实施日期	备案号	批准部门
304	DB21/T 3163-2019	辽宁省绿色建筑施工图设计评价规程		2019-6-30	2019-7-30	J14748-2019	辽宁省住房和城乡建设厅
305	DB21/T 3164-2019	辽宁省绿色建筑施工图设计审查规程		2019-6-30	2019-7-30	J14749-2019	辽宁省住房和城乡建设厅
306	DB21/T 3165-2019	钢筋钢纤维混凝土预制管片技术规程		2019-7-30	2019-8-30	J14783-2019	辽宁省住房和城乡建设厅
307	DB21/T 2018-2019	电蓄热炉工程应用技术规程	DB21/T 2018-2012	2019-8-30	2019-9-30	J12187-2019	辽宁省住房和城乡建设厅
308	DB21/T 3177-2019	装配式建筑信息模型应用技术规程		2019-9-30	2019-10-30	J14871-2019	辽宁省住房和城乡建设厅
309	DB21/T 3196-2019	多层装配式钢结构建筑技术标准		2019-11-30	2019-12-30	J14942-2019	辽宁省住房和城乡建设厅
310	DB21/T 3197-2019	多层装配式钢结构工程施工标准		2019-11-30	2019-12-30	J14943-2019	辽宁省住房和城乡建设厅
311	DBJ/T 03-104-2019	钢丝网架复合保温岩棉板外墙外保温应用技术规程		2019-1-18	2019-4-1	J14554-2019	内蒙古自治区住房和城乡建设厅
312	DBJ/T 03-106-2019	建筑信息模型(BIM)应用标准		2019-5-14	2019-8-1	J14677-2019	内蒙古自治区住房和城乡建设厅
313	DBJ/T 03-107-2019	房屋建筑和市政工程施工危险性较大的分部分项工程安全管理规程		2019-5-30	2019-7-1	J14688-2019	内蒙古自治区住房和城乡建设厅
314	DBJ03-35-2019	居住建筑节能设计标准	DBJ03-35-2011	2019-6-28	2019-9-1	J11332-2019	内蒙古自治区住房和城乡建设厅
315	DBJ03-108-2019	工程质量安全管理控制规程		2019-7-1	2019-9-1	J14742-2019	内蒙古自治区住房和城乡建设厅
316	DBJ/T 03-109-2019	牧区无害化卫生户厕建设与管理规范		2019-8-27	2019-10-1	J14809-2019	内蒙古自治区住房和城乡建设厅
317	DBJ/T 03-110-2019	玄基复合外模板现浇混凝土保温系统应用技术规程		2019-9-12	2019-11-1	J14833-2019	内蒙古自治区住房和城乡建设厅

续表

序号	标准编号	标准名称	被代替标准编号	发布日期	实施日期	备案号	批准部门
318	DBJ/T 03-112-2019	城市轨道交通基于通信的列车自动控制系统互联互通标准		2019-11-12	2020-2-1	J 14909-2019	内蒙古自治区住房和城乡建设厅
319	DBJ/T 03-113-2019	岩土工程勘察标准		2019-11-19	2020-2-1	J 14910-2019	内蒙古自治区住房和城乡建设厅
320	DBJ/T 03-114-2019	城市轨道交通信息模型应用标准		2019-12-2	2020-4-1	J 14925-2019	内蒙古自治区住房和城乡建设厅
321	DB64/T 1587-2019	海绵城市建设工程技术规程		2019-2-12	2019-5-12	J 14578-2019	宁夏回族自治区住房和城乡建设厅
322	DB64/T 1588-2019	预制钢筋混凝土加筋塑膜电缆管道应用技术规程		2019-2-12	2019-5-12	J 14579-2019	宁夏回族自治区市场监督管理厅
323	DB64/T 1645-2019	城市综合管廊工程技术标准		2019-7-23	2019-10-23	J 14786-2019	宁夏回族自治区住房和城乡建设厅
324	DB64/T 1646-2019	岩土工程勘察标准		2019-7-23	2019-10-23	J 14787-2019	宁夏回族自治区市场监督管理厅
325	DB64/T 1647-2019	回弹法检测高强混凝土抗压强度技术规程		2019-7-23	2019-10-23	J 14788-2019	宁夏回族自治区市场监督管理厅

续表

序号	标准编号	标准名称	被代替标准编号	发布日期	实施日期	备案号	批准部门
326	DB63/T 1727-2019	青海省传统村落保护发展规划编制导则		2019-1-10	2019-4-1		青海省住房和城乡建设厅 青海省市场监督管理局
327	DB63/T 1743-2019	青海省建筑工程资料管理规程		2019-6-14	2019-9-1		青海省住房和城乡建设厅 青海省市场监督管理局
328	DB63/T 1744-2019	青海省非膨胀自防护高性能混凝土技术规程		2019-6-14	2019-9-1		青海省住房和城乡建设厅 青海省市场监督管理局
329	DB63/T 1745-2019	青海省公共建筑能耗监测系统工程技术规范		2019-6-14	2019-9-1		青海省住房和城乡建设厅 青海省市场监督管理局
330	DB63/T 1756-2019	青海省建筑结构监测技术规范		2019-8-19	2019-11-1		青海省住房和城乡建设厅 青海省市场监督管理局
331	DB63/T 1757-2019	青海省城镇公共厕所建设标准		2019-8-30	2019-11-1		青海省住房和城乡建设厅 青海省市场监督管理局
332	DB63/T 1767-2019	青海省公共厕所管理与服务规范		2019-11-25	2020-1-6		青海省住房和城乡建设厅 青海省市场监督管理局
333	DB37/T 5131-2019	济南市区岩土工程勘察地层序划分标准		2019-1-29	2019-5-1	J 14583-2019	山东省住房和城乡建设厅 山东省市场监督管理局
334	DB37/T 5132-2019	建筑机电工程抗震技术规程		2019-1-29	2019-5-1	J 14584-2019	山东省住房和城乡建设厅 山东省市场监督管理局
335	DB37/T 5134-2019	海绵城市建设工程施工及验收标准		2019-1-29	2019-5-1	J 14585-2019	山东省住房和城乡建设厅 山东省市场监督管理局
336	DB37/T 5133-2019	预制双面叠合混凝土剪力墙结构技术规程		2019-1-29	2019-5-1	J 14586-2019	山东省住房和城乡建设厅 山东省市场监督管理局
337	DB37/T 5137-2019	边坡工程施工质量验收标准		2019-2-27	2019-5-1	J 14623-2019	山东省住房和城乡建设厅 山东省市场监督管理局

续表

序号	标准编号	标准名称	被代替标准编号	发布日期	实施日期	备案号	批准部门
338	DB37/T 5136-2019	强夯地基处理技术规程		2019-2-27	2019-5-1	J 14624-2019	山东省住房和城乡建设厅 山东省市场监督管理局
339	DB37/T 5135-2019	城镇道路地下病害体探测技术标准		2019-2-27	2019-5-1	J 14625-2019	山东省住房和城乡建设厅 山东省市场监督管理局
340	DB37/T 5138-2019	铝合金耐火节能门窗应用技术规程		2019-6-3	2019-10-1	J 14706-2019	山东省住房和城乡建设厅 山东省市场监督管理局
341	DB37/T 5139-2019	历史文化街区工程线综合规划标准		2019-6-3	2019-10-1	J 14707-2019	山东省住房和城乡建设厅 山东省市场监督管理局
342	DB37/T 5140-2019	水泥土桶芯组合桩复合地基技术规程		2019-6-3	2019-10-1	J 14708-2019	山东省住房和城乡建设厅 山东省市场监督管理局
343	DB37/T 5141-2019	水泥土复合混凝土空心桩基础技术规程	DBJ 14-080-2011	2019-6-3	2019-10-1	J 11880-2019	山东省住房和城乡建设厅 山东省市场监督管理局
344	DB37/T 5142-2019	城镇道路养护技术规程		2019-7-4	2019-11-1	J 14755-2019	山东省住房和城乡建设厅 山东省市场监督管理局
345	DB37/T 5143-2019	城市道路工程现场文明施工管理标准		2019-8-15	2019-12-1	J 14794-2019	山东省住房和城乡建设厅 山东省市场监督管理局
346	DB37/T 5144-2019	600MPa级普通热轧带肋钢筋应用技术规程		2019-8-15	2019-12-1	J 14795-2019	山东省住房和城乡建设厅 山东省市场监督管理局
347	DB37/T 5145-2019	复合土钉墙基坑支护技术规程	DBJ 14-047-2007	2019-8-15	2019-12-1	J 11004-2019	山东省住房和城乡建设厅 山东省市场监督管理局
348	DB37/T 5146-2019	城乡生活垃圾分选处理技术规范		2019-9-17	2019-12-1	J 14852-2019	山东省住房和城乡建设厅 山东省市场监督管理局
349	DB37/T 5147-2019	预制钢丝网架保温板现浇混凝土无空腔复合墙体保温系统应用技术规程		2019-9-17	2019-12-1	J 14853-2019	山东省住房和城乡建设厅 山东省市场监督管理局

续表

序号	标准编号	标准名称	被代替标准编号	发布日期	实施日期	备案号	批准部门
350	DB37/T 5148-2019	地源热泵系统运行管理技术规程		2019-9-17	2019-12-1	J14854-2019	山东省住房和城乡建设厅 山东省市场监督管理局
351	DB37/5155-2019	公共建筑节能设计标准	DBJ 14-036-2006	2019-12-31	2020-6-1	J10786-2019	山东省住房和城乡建设厅 山东省市场监督管理局
352	DB37/T 5149-2019	玻纤菱镁建筑模壳应用技术规程		2019-12-9	2020-2-1	J14944-2019	山东省住房和城乡建设厅 山东省市场监督管理局
353	DB37/T 5150-2019	高性能混凝土应用技术规程		2019-12-9	2020-2-1	J14945-2019	山东省住房和城乡建设厅 山东省市场监督管理局
354	DB37/T 5151-2019	园林绿化工程资料管理规程		2019-12-9	2020-2-1	J14946-2019	山东省住房和城乡建设厅 山东省市场监督管理局
355	DB37/T 5152-2019	城市超小净距浅埋暗挖隧道施工技术标准		2019-12-31	2020-5-1	J14999-2020	山东省住房和城乡建设厅 山东省市场监督管理局
356	DB37/T 5153-2019	中运量跨座式单轨交通系统设计规范		2019-12-31	2020-5-1	J15000-2020	山东省住房和城乡建设厅 山东省市场监督管理局
357	DB37/T 5154-2019	中运量跨座式单轨交通系统施工及验收规范		2019-12-31	2020-5-1	J15001-2020	山东省住房和城乡建设厅 山东省市场监督管理局
358	DBJ04/T 376-2019	城镇老旧建筑安全排查规程		2019-1-10	2019-3-1	J14540-2019	山西省住房和城乡建设厅
359	DBJ04/T 379-2019	钢管脚手架主要构配件质量检验标准		2019-1-10	2019-3-1	J14541-2019	山西省住房和城乡建设厅
360	DBJ04/T 377-2019	地下连续墙技术标准		2019-1-10	2019-3-1	J14542-2019	山西省住房和城乡建设厅
361	DBJ04/T 378-2019	农村危险房屋改造加固技术标准		2019-1-10	2019-3-1	J14543-2019	山西省住房和城乡建设厅
362	DBJ04/T 380-2019	建筑信息模型应用统一标准		2019-1-29	2019-3-1	J14669-2019	山西省住房和城乡建设厅
363	DBJ04/T 381-2019	建筑地基基础检测技术标准		2019-4-10	2019-6-1	J14670-2019	山西省住房和城乡建设厅

续表

序号	标准编号	标准名称	被代替标准编号	发布日期	实施日期	备案号	批准部门
364	DBJ04/T 382-2019	现浇混凝土内置保温体系（SD）应用技术标准		2019-4-22	2019-6-1	J 14671-2019	山西省住房和城乡建设厅
365	DBJ04/T 383-2019	热泵型热回收多功能新风机组应用技术规程		2019-4-23	2019-6-1	J 14672-2019	山西省住房和城乡建设厅
366	DBJ04/T 384-2019	建筑固废再生利用技术标准		2019-7-22	2019-10-1	J 14780-2019	山西省住房和城乡建设厅
367	DBJ04/T 385-2019	建筑隔震橡胶支座质量要求和检验标准		2019-7-31	2019-10-1	J 14781-2019	山西省住房和城乡建设厅
368	DBJ04/T 386-2019	拉脱法检测混凝土抗压强度技术规程		2019-8-8	2019-10-1	J 14782-2019	山西省住房和城乡建设厅
369	DBJ04/T 387-2019	挤扩支盘后注浆灌注桩技术标准		2019-8-27	2019-11-1	J 14850-2019	山西省住房和城乡建设厅
370	DBJ04/T 388-2019	土壤源热泵系统工程技术标准		2019-8-27	2019-11-1	J 14851-2019	山西省住房和城乡建设厅
371	DBJ04/T 389-2019	城市综合管廊工程技术标准		2019-10-16	2020-1-1	J 14886-2019	山西省住房和城乡建设厅
372	DBJ04/T 390-2019	基坑工程装配式钢支撑技术标准		2019-10-30	2020-1-1	J 14887-2019	山西省住房和城乡建设厅
373	DBJ04/T 391-2019	阳台及墙体太阳能热水系统建筑一体化技术标准		2019-10-30	2020-1-1	J 14888-2019	山西省住房和城乡建设厅
374	DBJ04/T 392-2019	预拌混凝土绿色生产及管理技术标准		2019-10-30	2020-1-1	J 14889-2019	山西省住房和城乡建设厅
375	DBJ04/T 393-2019	建设工程人工材料设备机具数据编码标准		2019-11-29	2020-1-1	J 14993-2020	山西省住房和城乡建设厅
376	DBJ04/T 394-2019	钻孔灌注桩成孔与地下连续墙成槽检测技术规程		2019-12-21	2020-3-1	J 14994-2020	山西省住房和城乡建设厅
377	DBJ04/T 395-2019	灌注桩钢筋笼长度磁测井法检测技术标准		2019-12-21	2020-3-1	J 14995-2020	山西省住房和城乡建设厅

附 录

续表

序号	标准编号	标准名称	被代替标准编号	发布日期	实施日期	备案号	批准部门
378	DBJ04/T 396-2019	装配式建筑评价标准		2019-12-21	2020-3-1	J 14996-2020	山西省住房和城乡建设厅
379	DBJ04/T 397-2019	高延性混凝土加固技术规程		2019-12-21	2020-3-1	J 14997-2020	山西省住房和城乡建设厅
380	DBJ04/T 398-2019	电动汽车充电基础设施工程技术标准		2019-12-27	2020-3-1	J 14998-2020	山西省住房和城乡建设厅
381	DBJ61/T 153-2019	耐热聚乙烯（PE-RTⅡ）低温直埋复合供热管道应用技术规程		2019-3-8	2019-4-1	J 14595-2019	陕西省住房和城乡建设厅
382	DBJ61/T 154-2019	建筑节能与结构一体化框架结构外墙砂加气混凝土自保温砌块系统技术规程		2019-3-8	2019-4-1	J 14596-2019	陕西省住房和城乡建设厅
383	DBJ61/T 155-2019	再生骨料泵送混凝土应用技术规程		2019-5-29	2019-6-30	J 14597-2019	陕西省住房和城乡建设厅
384	DBJ61/T 156-2019	建筑外墙混凝土保温幕墙工程技术规程		2019-5-29	2019-6-30	J 14697-2019	陕西省住房和城乡建设厅
385	DBJ61/T 157-2019	新型热处理带肋高强钢筋混凝土结构技术规程		2019-5-28	2019-6-30	J 14698-2019	陕西省住房和城乡建设厅
386	DBJ61/T 158-2019	建筑结构保温复合板应用技术规程		2019-5-29	2019-6-30	J 14699-2019	陕西省住房和城乡建设厅
387	DBJ61/T 159-2019	混凝土刚性防水系统应用技术规程		2019-5-29	2019-6-30	J 14700-2019	陕西省住房和城乡建设厅
388	DBJ61/T 160-2019	预制排装混凝土综合管廊工程技术规程		2019-5-29	2019-6-30	J 14701-2019	陕西省住房和城乡建设厅
389	DBJ61/T 163-2019	绿色生态地下空间开发利用评价标准（试行）		2019-11-21	2019-12-20	J 14923-2019	陕西省住房和城乡建设厅
390	DBJ61/T 162-2019	西安城市轨道交通岩土工程勘察规程		2019-11-21	2019-12-20	J 14924-2019	陕西省住房和城乡建设厅
391	DBJ61/T 161-2019	建筑幕墙工程技术标准		2019-8-28	2019-10-10	J 14836-2019	陕西省住房和城乡建设厅 陕西省市场监督管理局

续表

序号	标准编号	标准名称	被代替标准编号	发布日期	实施日期	备案号	批准部门
392	DG/TJ08-2268-2019	顶管工程设计标准		2019-1-3	2019-6-1	J14552-2019	上海市住房和城乡建设管理委员会
393	DG/TJ08-2093-2019	电动汽车充电基础设施建设技术标准	DG/TJ08-2093-2012	2019-4-3	2019-8-1	J12104-2019	上海市住房和城乡建设管理委员会
394	DG/TJ08-2289-2019	全方位高压喷射注浆技术标准		2019-4-2	2019-8-1	J14675-2019	上海市住房和城乡建设管理委员会
395	DG/TJ08-2285-2019	城市道路防护设施技术标准		2019-4-2	2019-8-1	J14676-2019	上海市住房和城乡建设管理委员会
396	DGJ08-20-2019	住宅设计标准	DGJ08-20-2013	2019-10-12	2020-1-1	J10090-2019	上海市住房和城乡建设管理委员会
397	DG/TJ08-2292-2018	预应力钢筒混凝土顶管应用技术标准		2019-6-12	2019-11-1	J14744-2019	上海市住房和城乡建设管理委员会
398	DG/TJ08-2294-2019	水运工程结构玻璃钢包覆防腐技术标准		2019-6-12	2019-11-1	J14745-2019	上海市住房和城乡建设管理委员会
399	DG/TJ08-2286-2019	超高压喷射注浆技术规程		2019-4-29	2019-9-1	J14751-2019	上海市住房和城乡建设管理委员会
400	DG/TJ08-2287-2019	异形断面盾构法隧道技术标准		2019-5-13	2019-9-1	J14752-2019	上海市住房和城乡建设管理委员会
401	DG/TJ08-2304-2019	高层建筑整体钢平台模架体系技术标准		2019-8-26	2020-1-1	J14818-2019	上海市住房和城乡建设管理委员会
402	DG/TJ08-2302-2019	埋地钢质燃气管道杂散电流干扰评定与防护标准		2019-8-26	2020-1-1	J14819-2019	上海市住房和城乡建设管理委员会
403	DG/TJ08-020-2019	混凝土结构工程施工标准	DG/TJ08-020-2005	2019-8-20	2020-1-1	J10618-2019	上海市住房和城乡建设管理委员会

续表

序号	标准编号	标准名称	被代替标准编号	发布日期	实施日期	备案号	批准部门
404	DG/TJ08-2013-2019	钢渣粉在混凝土中应用技术标准	DG/TJ08-2013-2007	2019-8-13	2019-12-1	J10974-2019	上海市住房和城乡建设管理委员会
405	DG/TJ08-2290-2019	可再生能源系统建筑应用运行维护技术规程		2019-5-23	2019-9-1	J14834-2019	上海市住房和城乡建设管理委员会
406	DG/TJ08-2298-2019	海绵城市建设技术标准		2019-7-17	2019-11-1	J14835-2019	上海市住房和城乡建设管理委员会
407	DG/TJ08-2034-2019	预拌混凝土和预制混凝土构件生产质量管理标准	DG/TJ08-2034-2008	2019-8-21	2019-12-1	J11198-2019	上海市住房和城乡建设管理委员会
408	DG/TJ08-2109-2019	橡胶沥青路面技术标准	DG/TJ08-2109-2012	2019-9-5	2020-2-1	J12116-2019	上海市住房和城乡建设管理委员会
409	DG/TJ08-2303-2019	轨道交通声屏障结构技术标准		2019-8-26	2020-1-1	J14855-2019	上海市住房和城乡建设管理委员会
410	DG/TJ08-59-2019	钢锭铣削型钢纤维混凝土应用技术标准	DG/TJ08-59-2006	2019-9-26	2020-2-1	J10949-2019	上海市住房和城乡建设管理委员会
411	DG/TJ08-2301-2019	移动通信基站塔(杆)、机房及配套设施建设标准		2019-9-26	2020-2-1	J14877-2019	上海市住房和城乡建设管理委员会
412	DG/TJ08-2299-2019	型钢混凝土组合桥梁设计标准		2019-9-26	2020-2-1	J14878-2019	上海市住房和城乡建设管理委员会
413	DG/TJ08-2300-2016	建设工程造价数据标准		2019-7-17	2019-12-1	J14879-2019	上海市住房和城乡建设管理委员会
414	DG/TJ08-2291-2019	保障性住房设计标准(共有产权保障住房和征收安置房分册)		2019-5-9	2019-9-1	J14914-2019	上海市住房和城乡建设管理委员会
415	DG/TJ08-2288-2019	房屋修缮工程术语标准		2019-10-15	2020-2-1	J14922-2019	上海市住房和城乡建设管理委员会

续表

序号	标准编号	标准名称	被代替标准编号	发布日期	实施日期	备案号	批准部门
416	DG/TJ08-55-2019	城市居住地区和居住区公共服务设施设置标准	DG/TJ08-55-2006	2019-12-5	2020-5-1	J10059-2019	上海市住房和城乡建设管理委员会
417	DG/TJ08-56-2019	建筑幕墙工程技术标准(修订)	DG/TJ08-56-2012	2019-12-5	2020-4-1	J12028-2019	上海市住房和城乡建设管理委员会
418	DG/TJ08-2305-2019	防汛墙工程设计标准		2019-12-5	2020-5-1	J14947-2019	上海市住房和城乡建设管理委员会
419	DG/TJ08-2306-2019	城市轨道交通接触轨系统施工验收标准		2019-12-5	2020-5-1	J14948-2019	上海市住房和城乡建设管理委员会
420	DG/TJ08-2307-2019	水利工程信息模型应用标准		2019-12-5	2020-5-1	J14949-2019	上海市住房和城乡建设管理委员会
421	DG/TJ08-2308-2019	建设工程水文地质勘察标准		2019-12-5	2020-5-1	J14950-2019	上海市住房和城乡建设管理委员会
422	DG/TJ08-2102-2019	文明施工标准	DGJ08-2102-2012	2019-12-16	2020-3-1	J12069-2019	上海市住房和城乡建设管理委员会
423	DG/TJ08-2103-2019	城镇天然气站内工程施工质量验收标准	DG/TJ08-2103-2012	2019-12-5	2020-5-1	J12084-2019	上海市住房和城乡建设管理委员会
424	DG/TJ08-2309-2019	建筑垃圾再生集料无机混合料应用技术标准		2019-12-12	2020-5-1	J14951-2019	上海市住房和城乡建设管理委员会
425	DG/TJ08-2310-2019	外墙外保温系统修复技术标准		2019-12-23	2020-5-1	J15009-2020	上海市住房和城乡建设管理委员会
426	DGJ08-2143-2018	公共建筑绿色设计标准		2019-1-18	2019-7-1	J12671-2018	上海市住房和城乡建设管理委员会
427	DGJ08-2139-2018	住宅建筑绿色设计标准		2019-1-18	2019-7-1	J12621-2018	上海市住房和城乡建设管理委员会

续表

序号	标准编号	标准名称	被代替标准编号	发布日期	实施日期	备案号	批准部门
428	DGJ08-11-2018	地基基础设计标准		2019-1-18	2019-8-1	J11595-2018	上海市住房和城乡建设管理委员会
429	DGJ08-22-2018	城镇排水泵站设计标准		2019-1-18	2019-8-1	J12396-2018	上海市住房和城乡建设管理委员会
430	DG/TJ08-2087-2019	混凝土模卡砌块应用技术标准		2019-5-8	2019-8-1	J11915-2019	上海市住房和城乡建设管理委员会
431	DG/TJ08-2293-2019	街道设计标准		2019-5-8	2019-9-1	J14694-2019	上海市住房和城乡建设管理委员会
432	DG/TJ08-2296-2019	道路照明设施监控系统技术标准		2019-5-8	2019-10-1	J14696-2019	上海市住房和城乡建设管理委员会
433	DG/TJ08-606-2019	住宅区和住宅建筑通信配套工程技术标准		2019-5-8	2019-10-1	J10334-2019	上海市住房和城乡建设管理委员会
434	DG/TJ08-2297-2019	有轨电车道路交通设计标准		2019-5-8	2019-10-1	J14697-2019	上海市住房和城乡建设管理委员会
435	DG/TJ08-2295-2019	建设场地污染土与地下水工程处置技术标准		2019-5-8	2019-10-1	J14695-2019	上海市住房和城乡建设管理委员会
436	DG/TJ08-2290-2019	可再生能源建筑应用运营维护技术规程		2019-5-23	2019-9-1	J14834-2019	上海市住房和城乡建设管理委员会
437	DG/TJ08-2293-2019	海绵城市建设技术规程		2019-7-17	2019-11-1	J14835-2019	上海市住房和城乡建设管理委员会
438	DG/TJ08-2013-2019	钢渣粉混凝土应用技术规程（修订）		2019-8-13	2019-12-1	J10974-2019	上海市住房和城乡建设管理委员会
439	DBJ51/T105-2018	四川省第三卫生间设计标准		2019-1-7	2019-5-1	J14568-2019	四川省住房和城乡建设厅

续表

序号	标准编号	标准名称	被代替标准编号	发布日期	实施日期	备案号	批准部门
440	DB51/T 5066-2018	四川省居住建筑油烟气集中排放系统应用技术标准	DB51/T 5066-2010	2019-1-7	2019-5-1	J11538-2019	四川省住房和城乡建设厅
441	DBJ 51/T 104-2018	四川省绿色环保搅拌站建设、管理和评价标准		2019-1-7	2019-5-1	J14569-2019	四川省住房和城乡建设厅
442	DBJ 51/T 106-2018	四川省彩色透水水泥混凝土整体路面技术标准		2019-1-7	2019-5-1	J14580-2019	四川省住房和城乡建设厅
443	DBJ 51/T 5040-2019	四川省智能建筑工程施工工艺标准	DB51/T 5040-2007	2019-2-12	2019-6-1	J11012-2019	四川省住房和城乡建设厅
444	DBJ 51/T 107-2018	四川省城市综合管廊管线工程技术标准		2019-1-7	2019-5-1	J14626-2019	四川省住房和城乡建设厅
445	DBJ 51/T 108-2018	四川省建筑岩土工程测量标准		2019-1-23	2019-5-1	J14627-2019	四川省住房和城乡建设厅
446	DBJ 51/T 110-2019	四川省柔性饰面板块建筑外墙装饰工程技术标准		2019-1-30	2019-6-1	J14628-2019	四川省住房和城乡建设厅
447	DBJ 51/T 054-2019	四川省装配式混凝土结构工程施工与质量验收标准	DBJ 51/T 054-2015	2019-2-21	2019-7-1	J13329-2019	四川省住房和城乡建设厅
448	DBJ 51/T 109-2019	四川省城市综合管廊运营维护技术标准		2019-1-30	2019-6-1	J14658-2019	四川省住房和城乡建设厅
449	DBJ 51/T 112-2019	四川省抹灰石膏应用技术标准		2019-3-12	2019-7-1	J14659-2019	四川省住房和城乡建设厅
450	DBJ 51/T 111-2019	四川省预制装配式自保温混凝土外墙板生产、施工与质量验收标准		2019-3-12	2019-7-1	J14666-2019	四川省住房和城乡建设厅
451	DBJ 51/T 123-2019	四川省农村现代夯土建筑技术标准		2019-5-20	2019-9-1	J14694-2019	四川省住房和城乡建设厅
452	DBJ 51/T 002-2019	四川省烧结自保温砖和砌块墙体保温系统技术标准	DBJ 51/T 002-2011	2019-5-8	2019-9-1	J11970-2019	四川省住房和城乡建设厅
453	DBJ 51/T 114-2019	四川省装配式混凝土建筑轻质条板隔墙技术标准		2019-4-28	2019-9-1	J14695-2019	四川省住房和城乡建设厅

续表

序号	标准编号	标准名称	被代替标准编号	发布日期	实施日期	备案号	批准部门
454	DBJ 51/T 118-2019	四川省城镇供水厂运行管理标准		2019-4-28	2019-9-1	J14696-2019	四川省住房和城乡建设厅
455	DBJ 51/T 121-2019	四川省房地产市场信息平台建设技术标准		2019-4-28	2019-9-1	J14702-2019	四川省住房和城乡建设厅
456	DBJ 51/T 001-2019	四川省烧结复合自保温砖和砌块墙体保温系统技术标准	DBJ 51/T 001-2011	2019-5-8	2019-9-1	J11975-2019	四川省住房和城乡建设厅
457	DBJ 51/T 120-2019	四川省城市桥梁预制拼装桥墩生产、施工与质量验收技术标准		2019-4-28	2019-9-1	J14722-2019	四川省住房和城乡建设厅
458	DBJ 51/T 119-2019	四川省多层装配式钢结构住宅技术标准		2019-4-28	2019-9-1	J14723-2019	四川省住房和城乡建设厅
459	DBJ 51/T 116-2019	悬挂式单轨交通轨道梁桥施工及验收标准		2019-4-28	2019-9-1	J14724-2019	四川省住房和城乡建设厅
460	DBJ 51/T 115-2019	悬挂式单轨交通车辆通用技术条件		2019-4-28	2019-9-1	J14731-2019	四川省住房和城乡建设厅
461	DBJ 51/T 117-2019	悬挂式单轨交通动力蓄电池系统技术条件		2019-4-28	2019-9-1	J14732-2019	四川省住房和城乡建设厅
462	DBJ 51/T 113-2019	四川省装配整体式叠合剪力墙结构技术标准		2019-4-28	2019-8-1	J14750-2019	四川省住房和城乡建设厅
463	DBJ 51/T 128-2019	四川省环保预制装配式板房制作、安装及验收标准		2019-8-12	2019-12-1	J14799-2019	四川省住房和城乡建设厅
464	DBJ 51/T 122-2019	四川省农村居住建筑烧结自保温砖和砌块墙体保温系统技术标准		2019-8-12	2019-11-1	J14823-2019	四川省住房和城乡建设厅
465	DBJ 51/T 126-2019	四川省城镇道路路面设计标准		2019-8-8	2019-12-1	J14830-2019	四川省住房和城乡建设厅
466	DBJ 51/T 125-2019	四川省房屋建筑和市政基础设施工程施工安全隐患排查治理标准		2019-8-8	2019-12-1	J14847-2019	四川省住房和城乡建设厅

续表

序号	标准编号	标准名称	被代替标准编号	发布日期	实施日期	备案号	批准部门
467	DBJ 51/T 124-2019	四川省城市桥梁预制拼装桥墩设计标准		2019-5-20	2019-10-1	J 14867-2019	四川省住房和城乡建设厅
468	DBJ 51/T 038-2019	四川省装配式混凝土住宅建筑设计标准	DBJ 51/T 038-2015	2019-8-8	2019-12-1	J 12920-2019	四川省住房和城乡建设厅
469	DBJ 51/T 130-2019	四川省自保温混凝土复合砌块墙体应用技术标准		2019-9-27	2020-1-1	J 14896-2019	四川省住房和城乡建设厅
470	DBJ 51/T 129-2019	四川省高烈度多高层建筑钢结构技术标准		2019-9-27	2020-1-1	J 14897-2019	四川省住房和城乡建设厅
471	DBJ 51/T 131-2019	建筑结构加固效果评定标准		2019-10-9	2020-2-1	J 14898-2019	四川省住房和城乡建设厅
472	DBJ 51/T 132-2019	四川省矩形顶管法技术标准		2019-10-9	2020-2-1	J 14899-2019	四川省住房和城乡建设厅
473	DB/T 29-259-2019	天津市人工湿地污水处理技术规程		2019-1-9	2019-4-1	J 14560-2019	天津市住房和城乡建设委员会
474	DB/T 29-91-2019	天津市大树移植技术规程	DB 29-91-2004	2019-2-19	2019-4-1	J 10438-2019	天津市住房和城乡建设委员会
475	DB/T 29-260-2019	天津市建筑物移动通信基础设施建设标准		2019-4-26	2019-6-1	J 14649-2019	天津市住房和城乡建设委员会
476	DB/T 29-261-2019	天津市铝合金空间网格结构技术规程		2019-4-26	2019-6-1	J 14650-2019	天津市住房和城乡建设委员会
477	DB/T 29-263-2019	天津市无砂法真空预压加固软基技术标准		2019-4-26	2019-7-1	J 14651-2019	天津市住房和城乡建设委员会
478	DB/T 29-266-2019	天津市钢桥设计标准		2019-6-19	2019-9-1	J 14735-2019	天津市住房和城乡建设委员会
479	DB/T 29-264-2019	天津市城市综合体建筑设计防火标准		2019-7-25	2019-9-1	J 14790-2019	天津市住房和城乡建设委员会

续表

序号	标准编号	标准名称	被代替标准编号	发布日期	实施日期	备案号	批准部门
480	DBT29-265-2019	天津市市政基础设施施工工程资料管理规程		2019-7-25	2019-9-1	J14791-2019	天津市住房和城乡建设委员会
481	DB/T29-267-2019	天津市铣削式水泥土地下连续墙技术规程		2019-7-26	2019-9-1	J14792-2019	天津市住房和城乡建设委员会
482	DB/T29-190-2019	天津市缓粘结预应力混凝土结构施工技术规程	DB/T29-190-2010	2019-7-26	2019-9-1	J11271-2019	天津市住房和城乡建设委员会
483	DB/T29-268-2019	天津市城市轨道交通管线综合BIM设计标准		2019-9-12	2019-11-1	J14848-2019	天津市住房和城乡建设委员会
484	DB/T29-269-2019	天津市城镇污泥处置技术规程		2019-9-12	2019-11-1	J14849-2019	天津市住房和城乡建设委员会
485	DB/T29-200-2019	天津市建筑工程绿色施工评价标准	DB29-200-2010	2019-10-14	2019-11-1	J11669-2019	天津市住房和城乡建设委员会
486	DB/T29-271-2019	天津市民用建筑信息模型（BIM）设计应用标准		2019-10-14	2019-11-1	J14876-2019	天津市住房和城乡建设委员会
487	DB/T29-217-2019	天津市岩棉外墙外保温系统应用技术规程	DB/T29-217-2013	2019-10-14	2019-12-1	J12271-2019	天津市住房和城乡建设委员会
488	DB/T29-167-2019	天津市再生水设计标准		2019-12-2	2020-2-1	J10926-2020	天津市住房和城乡建设委员会
489	DB/T29-272-2019	天津市快速轨道交通盾构隧道设计规程		2019-12-2	2020-3-1	J14973-2020	天津市住房和城乡建设委员会
490	DB/T29-273-2019	天津市高架胶轮有轨电车交通系统施工及验收标准		2019-12-11	2020-3-1	J14974-2020	天津市住房和城乡建设委员会
491	DB/T29-274-2019	超低能耗居住建筑设计标准		2019-9-23	2020-4-1	J14976-2020	天津市住房和城乡建设委员会

续表

序号	标准编号	标准名称	被代替标准编号	发布日期	实施日期	备案号	批准部门
492	DB/T 29-275-2019	天津市海绵城市设施运行维护技术规程		2019-12-30	2020-4-1	J 15157-2020	天津市住房和城乡建设委员会
493	DB65/T 8001-2019	二次供水工程技术标准		2019-1-25	2019-3-1	J 14572-2019	新疆维吾尔自治区住房和城乡建设厅新疆维吾尔自治区市场监督管理局
494	XJJ 105-2019	砖墙与型钢组合构件抗震加固技术规程		2019-6-3	2019-7-1	J 14746-2019	新疆维吾尔自治区住房和城乡建设厅
495	XJJ 030-2019	市政基础设施施工工程质量验收统一标准	XJJ 030-2006	2019-6-4	2019-7-1	J 10984-2019	新疆维吾尔自治区住房和城乡建设厅
496	XJJ 103-2019	生态修复城市修补技术导则		2019-6-6	2019-7-1	J 14747-2019	新疆维吾尔自治区住房和城乡建设厅
497	XJJ 052-2019	直接法检测混凝土抗压强度技术标准	XJJ 052-2012	2019-7-2	2019-8-1	J 12177-2019	新疆维吾尔自治区住房和城乡建设厅
498	XJJ 106-2019	地下道交通工程监测技术规程		2019-7-12	2019-8-1	J 14758-2019	新疆维吾尔自治区住房和城乡建设厅
499	XJJ 107-2019	地下轨道交通工程施工风险管理规程		2019-7-12	2019-8-1	J 14759-2019	新疆维吾尔自治区住房和城乡建设厅
500	XJJ 108-2019	现浇混凝土大模内置保温系统应用技术标准		2019-8-15	2019-10-1	J 14820-2019	新疆维吾尔自治区住房和城乡建设厅
501	XJJ 109-2019	自保温砌块应用技术标准		2019-8-15	2019-10-1	J 14821-2019	新疆维吾尔自治区住房和城乡建设厅
502	XJJ 110-2019	现浇混凝土复合外保温模板应用技术标准		2019-8-15	2019-10-1	J 14822-2019	新疆维吾尔自治区住房和城乡建设厅

续表

序号	标准编号	标准名称	被代替标准编号	发布日期	实施日期	备案号	批准部门
503	XJJ 111-2019	装配式混凝土结构工程安装施工与质量验收标准		2019-9-16	2019-10-1	J14846-2019	新疆维吾尔自治区住房和城乡建设厅
504	XJJ 055-2019	预拌混凝土生产质量管理技术标准	XJJ 055-2012	2019-9-16	2019-10-1	J12225-2019	新疆维吾尔自治区住房和城乡建设厅
505	XJJ 112-2019	民用建筑信息模型实施管理标准		2019-10-31	2019-12-1	J14883-2019	新疆维吾尔自治区住房和城乡建设厅
506	XJJ 113-2019	保温装饰一体板应用技术标准		2019-10-12	2019-10-15	J14884-2019	新疆维吾尔自治区住房和城乡建设厅
507	XJJ 115-2019	装配式混凝土建筑信息模型施工应用标准		2019-10-31	2019-12-1	J14885-2019	新疆维吾尔自治区住房和城乡建设厅
508	XJJ 114-2019	城市综合管廊建筑信息模型应用标准		2019-11-25	2019-12-1	J14926-2019	新疆维吾尔自治区住房和城乡建设厅
509	XJJ 116-2019	装配式建筑评价标准		2019-11-25	2019-12-1	J14927-2019	新疆维吾尔自治区住房和城乡建设厅
510	XJJ 056-2019	住宅物业服务标准	XJJ 056-2013	2019-12-20	2020-3-1	J12375-2020	新疆维吾尔自治区住房和城乡建设厅
511	DB33/T 1161-2019	建设工程勘察土工试验质量管理规范		2019-1-2	2019-6-1	J14523-2019	浙江省住房和城乡建设厅
512	DB33/T 1162-2019	建设工程勘察企业质量管理规范		2019-1-2	2019-6-1	J14524-2019	浙江省住房和城乡建设厅
513	DB33/T 1163-2019	岩土工程勘察外业见证技术规程		2019-1-2	2019-6-1	J14525-2019	浙江省住房和城乡建设厅
514	DB33/T 1157-2019	城市地下综合管廊运行维护技术规范		2019-1-28	2019-6-1	J14571-2019	浙江省住房和城乡建设厅
515	DB33/T 1164-2019	无机非金属面板饰装保温板外墙外保温系统应用技术规程		2019-1-7	2019-6-1	J14573-2019	浙江省住房和城乡建设厅

续表

序号	标准编号	标准名称	被代替标准编号	发布日期	实施日期	备案号	批准部门
516	DB33/T 1165-2019	装配式建筑评价标准		2019-3-19	2019-8-1	J 14646-2019	浙江省住房和城乡建设厅
517	DB33/T 1166-2019	城镇生活垃圾分类标准		2019-5-9	2019-8-1	J 14665-2019	浙江省住房和城乡建设厅
518	DB33/T 1168-2019	装配式内装工程施工质量验收规范		2019-5-27	2019-10-1	J 14679-2019	浙江省住房和城乡建设厅
519	DB33/T 1167-2019	民用建筑雨水控制与利用设计规程		2019-5-27	2019-10-1	J 14681-2019	浙江省住房和城乡建设厅
520	DB33/T 1072-2019	泡沫玻璃外墙外保温系统应用技术规程	DB33/T 1072-2010	2019-6-6	2019-12-1	J 11617-2019	浙江省住房和城乡建设厅
521	DB33/T 1170-2019	SBS改性沥青混合料应用技术规程		2019-6-11	2019-12-1	J 14719-2019	浙江省住房和城乡建设厅
522	DB33/T 1169-2019	建设工程施工现场远程视频监控系统应用技术规程		2019-6-11	2019-12-1	J 14720-2019	浙江省住房和城乡建设厅
523	DB33/T 1171-2019	住宅建筑生活二次供水工程技术规程		2019-6-13	2019-12-1	J 14721-2019	浙江省住房和城乡建设厅
524	DB33/T 1172-2019	早期坑道地道式人防工程结构安全性评估规程		2019-6-21	2019-12-1	J 14736-2019	浙江省住房和城乡建设厅
525	DB33/T 1065-2019	工程建设岩土工程勘察规范	DB33/T 1065-2009	2019-7-1	2019-12-1	J 11637-2019	浙江省住房和城乡建设厅
526	DB33/T 1173-2019	人民防空疏散基地设置技术规范		2019-7-18	2019-12-1	J 14763-2019	浙江省住房和城乡建设厅
527	DB33/T 1174-2019	风景名胜区环境卫生作业管理标准		2019-8-21	2020-3-1	J 14814-2019	浙江省住房和城乡建设厅
528	DB33/T 1175-2019	远传水表系统应用技术规程		2019-8-22	2020-3-1	J 14815-2019	浙江省住房和城乡建设厅
529	DB33/T 1176-2019	城镇河道生态治理设施养护技术规程		2019-9-4	2020-3-1	J 14861-2019	浙江省住房和城乡建设厅
530	DB33/T 1177-2019	城镇供水厂安全运行管理规范		2019-10-15	2020-3-1	J 14868-2019	浙江省住房和城乡建设厅
531	DB33/T 1178-2019	城镇污水处理厂安全运行管理规范		2019-10-15	2020-3-1	J 14869-2019	浙江省住房和城乡建设厅
532	DB33/T 1179-2019	城镇人行天桥施工质量验收规范		2019-10-23	2020-3-1	J 14880-2019	浙江省住房和城乡建设厅

续表

序号	标准编号	标准名称	被代替标准编号	发布日期	实施日期	备案号	批准部门
533	DB33/T 1180-2019	餐厨垃圾资源化利用技术规程		2019-11-5	2020-3-1	J14921-2019	浙江省住房和城乡建设厅
534	DB33/T 1181-2019	城市轨道交通供电系统工程施工质量验收规范		2019-12-5	2020-3-1	J14938-2019	浙江省住房和城乡建设厅
535	DB33/T 1182-2019	钻孔护径混凝土灌注桩技术规程		2019-12-2	2020-3-1	J14939-2019	浙江省住房和城乡建设厅
536	DB33/T 1183-2019	城镇绿化废弃物资源化利用技术规程		2019-12-23	2020-3-1	J14975-2020	浙江省住房和城乡建设厅
537	DB33/T 1184-2019	城市轨道交通站台门工程施工质量验收规范		2019-12-26	2020-3-1	J15002-2020	浙江省住房和城乡建设厅
538	DB33/T 1185-2019	城镇生活垃圾处理技术规程		2019-12-26	2020-3-1	J15003-2020	浙江省住房和城乡建设厅
539	DBJ 50/T-314-2019	玻化微珠无机保温板建筑板外墙保温系统应用技术标准	DBJ 50/T-209-2014	2019-1-4	2019-4-1	J12902-2019	重庆市住房和城乡建设委员会
540	DBJ 50/T-312-2019	城乡建设领域基础数据标准	DBJ 50/T-196-2014	2019-1-10	2019-4-1	J12745-2019	重庆市住房和城乡建设委员会
541	DBJ 50/T-311-2019	城乡建设数据交换接口标准		2019-1-10	2019-4-1	J14535-2019	重庆市住房和城乡建设委员会
542	DBJ 50/T-313-2019	民用建筑立体绿化应用技术标准		2019-1-10	2019-4-1	J14538-2019	重庆市住房和城乡建设委员会
543	DBJ 50/T-316-2019	停车场信息联网技术标准		2019-1-10	2019-4-1	J14539-2019	重庆市住房和城乡建设委员会
544	DBJ 50/T-315-2019	岩棉板薄抹灰外墙外保温系统应用技术标准	DBJ 50/T-141-2012	2019-1-28	2019-4-1	J12058-2019	重庆市住房和城乡建设委员会
545	DBJ 50/T-319-2019	建筑起重机械维护与保养技术标准		2019-2-28	2019-6-1	J14609-2019	重庆市住房和城乡建设委员会

续表

序号	标准编号	标准名称	被代替标准编号	发布日期	实施日期	备案号	批准部门
546	DBJ 50/T-317-2019	既有民用建筑外门窗节能改造应用技术标准		2019-1-31	2019-5-1	J 14610-2019	重庆市住房和城乡建设委员会
547	DBJ 50/T-321-2019	气泡混合轻质土应用技术标准		2019-3-20	2019-7-1	J 14645-2019	重庆市住房和城乡建设委员会
548	DBJ 50/T-323-2019	滨江步道技术标准		2019-4-25	2019-6-1	J 14660-2019	重庆市住房和城乡建设委员会
549	DBJ 50/T-320-2019	行道树栽植技术标准		2019-4-25	2019-8-1	J 14661-2019	重庆市住房和城乡建设委员会
550	DBJ 50/T-324-2019	街巷步道技术标准		2019-4-25	2019-6-1	J 14662-2019	重庆市住房和城乡建设委员会
551	DBJ 50/T-325-2019	山林步道技术标准		2019-4-25	2019-6-1	J 14663-2019	重庆市住房和城乡建设委员会
552	DBJ 50/T-322-2019	园林水生植物栽植技术标准		2019-4-25	2019-8-1	J 14664-2019	重庆市住房和城乡建设委员会
553	DBJ 50/T-318-2019	建筑垃圾处置与资源化利用技术标准		2019-5-23	2019-9-1	J 14714-2019	重庆市住房和城乡建设委员会
554	DBJ 50/T-077-2019	建筑施工现场管理标准	DBJ 50-077-2009	2019-5-22	2019-9-1	J 11311-2019	重庆市住房和城乡建设委员会
555	DBJ 50/T-326-2019	机关办公建筑能耗限额标准		2019-5-22	2019-9-1	J 14737-2019	重庆市住房和城乡建设委员会
556	DBJ 50/T-328-2019	树木移植技术标准		2019-6-19	2019-10-1	J 14772-2019	重庆市住房和城乡建设委员会
557	DBJ 50/T-185-2019	增强型改性发泡水泥保温板建筑保温系统应用技术标准	DBJ 50/T-185-2014	2019-7-15	2019-10-1	J 12642-2019	重庆市住房和城乡建设委员会

续表

序号	标准编号	标准名称	被代替标准编号	发布日期	实施日期	备案号	批准部门
558	DBJ 50/T-330-2019	增强型水泥基泡沫保温隔声板建筑地面工程应用技术标准		2019-7-15	2019-10-1	J 14773-2019	重庆市住房和城乡建设委员会
559	DBJ 50/T-192-2019	装配式混凝土建筑结构工程施工及质量验收标准	DBJ 50/T-192-2014	2019-7-17	2019-10-1	J 14774-2019	重庆市住房和城乡建设委员会
560	DBJ 50/T-098-2019	城市绿化养护质量标准	DBJ/T 50-098-2009	2019-8-30	2019-12-1	J 11448-2019	重庆市住房和城乡建设委员会
561	DBJ 50/T-029-2019	地质灾害防治工程设计标准	DB 50/5029-2004	2019-8-30	2019-12-1	J 10331-2019	重庆市住房和城乡建设委员会
562	DBJ 50/T-331-2019	轨道交通U形梁结构技术标准		2019-9-28	2020-1-1	J 14857-2019	重庆市住房和城乡建设委员会
563	DBJ 50/T-332-2019	户外公共设施木质材料应用技术标准		2019-9-28	2020-1-1	J 14858-2019	重庆市住房和城乡建设委员会
564	DBJ 50/T-333-2019	难燃型改性聚乙烯复合卷材建筑楼面隔声保温工程应用技术标准		2019-9-28	2020-1-1	J 14859-2019	重庆市住房和城乡建设委员会
565	DBJ 50/T-329-2019	市政配套安装工程施工质量验收标准		2019-8-30	2019-12-1	J 14860-2019	重庆市住房和城乡建设委员会
566	DBJ 50/T-044-2019	园林种植土壤质量标准	DBJ/T 50-044-2005	2019-8-30	2019-12-1	J 10636-2019	重庆市住房和城乡建设委员会
567	DBJ 50/T-334-2019	建筑施工钢管脚手架和模板支撑架选用技术标准		2019-11-1	2020-2-1	J 14900-2019	重庆市住房和城乡建设委员会
568	DBJ 50/T-335-2019	城乡规划工程地质勘察标准		2019-10-29	2020-2-1	J 14901-2019	重庆市住房和城乡建设委员会
569	DBJ 50/T-336-2019	建设工程人工材料设备机械数据标准		2019-10-29	2020-2-1	J 14902-2019	重庆市住房和城乡建设委员会

续表

序号	标准编号	标准名称	被代替标准编号	发布日期	实施日期	备案号	批准部门
570	DBJ 50/T-337-2019	装配式隔墙应用技术标准		2019-11-14	2020-3-1	J 14903-2019	重庆市住房和城乡建设委员会
571	DBJ 50/T-338-2019	轻质隔墙条板应用技术标准		2019-11-14	2020-3-1	J 14904-2019	重庆市住房和城乡建设委员会
572	DBJ 50/T-339-2019	装配式叠合剪力墙结构技术标准		2019-11-14	2020-3-1	J 14905-2019	重庆市住房和城乡建设委员会
573	DBJ 50/T-340-2019	建筑中水工程技术标准		2019-12-11	2020-4-1	J 14968-2020	重庆市住房和城乡建设委员会
574	DBJ 50/T-341-2019	城镇污水处理厂污泥园林绿化用产品质量标准		2019-12-11	2020-4-1	J 14969-2020	重庆市住房和城乡建设委员会
575	DBJ 50/T-342-2019	工程建设对既有建(构)筑物安全影响评估标准		2019-12-27	2020-4-1	J 14970-2020	重庆市住房和城乡建设委员会
576	DBJ 50/T-343-2019	装配式混凝土城市地下综合管廊结构技术标准		2019-12-27	2020-4-1	J 14971-2020	重庆市住房和城乡建设委员会
577	DBJ 50/T-344-2019	建筑高边坡工程施工安全技术标准		2019-12-27	2020-4-1	J 14972-2020	重庆市住房和城乡建设委员会
578	DBJ 50/T-190-2019	装配式建筑混凝土预制构件生产技术标准	DBJ 50/T-190-2014	2019-12-27	2020-4-1	J 12696-2020	重庆市住房和城乡建设委员会
579	DBJ 53/T-99-2019	云南省膏岭土混凝土应用技术规程		2019-12-23	2020-3-1		云南省住房和城乡建设厅
580	DBJ 53/T-97-2019	云南省民用建筑施工信息模型建模标准		2019-4-15	2019-9-1		云南省住房和城乡建设厅
581	DBJ 53/T-98-2019	云南省城镇燃气经营企业服务评价标准		2019-12-13	2020-3-1		云南省住房和城乡建设厅